天然气勘探开发
科技绩效评估方法研究与应用

辛 穗 罗旻海 姚 莉 肖 君 等著

石油工业出版社

内容简介

本书在项目研究的基础上进行了深入探索,以科技要素参与企业发展收益分配的客观要求为起点,进行天然气勘探开发技术要素应用效益递进分成评估方法、市场化服务的收益分成评估方法、科技研发体系建设绩效评估方法的研究与实证分析,并提出了加强天然气勘探开发科技绩效评估的措施。

本书可供从事天然气经济研究的科技人员、技术人员及院校相关专业师生参考阅读。

图书在版编目(CIP)数据

天然气勘探开发科技绩效评估方法研究与应用 / 辜穗等著. —北京:石油工业出版社,2020.7
ISBN 978-7-5183-4037-8

Ⅰ. ①天… Ⅱ. ①辜… Ⅲ. ①天然气-油气勘探-技术评估-研究-中国 ②采气-技术评估-研究-中国 Ⅳ. ① TE

中国版本图书馆 CIP 数据核字(2020)第 085552 号

出版发行:石油工业出版社
　　　　(北京安定门外安华里2区1号　100011)
　　　　网　　址:www.petropub.com
　　　　编辑部:(010)64523541　图书营销中心:(010)64523633
经　　销:全国新华书店
印　　刷:北京中石油彩色印刷有限责任公司

2020年7月第1版　2020年7月第1次印刷
787×1092 毫米　开本:1/16　印张:12.75
字数:190 千字

定价:100.00 元
(如发现印装质量问题,我社图书营销中心负责调换)
版权所有,翻印必究

《天然气勘探开发科技绩效评估方法研究与应用》编委会

主　任：辜　穗

副主任：罗旻海　姚　莉　肖　君

成　员：何春蕾　王良锦　王东琳　任丽梅
　　　　　敬代骄　刘维东　彭　彬　蒲蓉蓉
　　　　　彭子成　蒋德生　张锦涛　张　勇
　　　　　杨品成　李　季　胡俊坤　杨利平
　　　　　肖　鑫　陈侃然　杨　丹　周　建
　　　　　潘春锋　周　祥　杨雅雯　未　勇
　　　　　王　馨　付　斌　李晓玲　王　隽
　　　　　高卓月　夏江华　林明川　邹　曦
　　　　　曹　剑　王　俊　尹　涛　张　锐
　　　　　王秀英　杜　阳　章成东　张昕尧
　　　　　刘东明　何晋越　祝　豪　孙志君
　　　　　罗红霞

前　言

在"创新、协调、绿色、开放、共享"的发展理念下，科技创新作为实现能源"十三五"规划的重要组成部分，被摆在了天然气产业发展全局的核心位置。伴随着创新驱动发展战略的深入推进，国家出台一系列政策，强调科技绩效评估要突出研发投入、成果转移创效、人才价值等创新导向指标，给天然气科技绩效评估提出了重大挑战。在此背景下，探索并创新形成了适应我国天然气产业链特征的科技绩效评估方法体系，既是对天然气产业科技创新创效活动的价值量化过程，也能为解决科技成果转化为生产力"最后一公里"问题和落实科技激励实现科技人才"名利双收"提供可行依据，从而真正推动天然气产业科技创新驱动高质量发展。基于此，本书在继承油气科技效益评估主流方法并进行有益借鉴与合理改进的基础上，以科技要素参与企业发展收益分配的客观要求为起点，强调油气科技研发、应用与实际生产的有机结合，体现天然气勘探开发科技创新发展的方向性、系统性、实用性与价值性，主要进行了以下7个部分的研究：

（1）天然气勘探开发科技绩效评估研究现状与基础。分析总结了国内外天然气勘探开发科技绩效评估现状，形成了对现状的四点认识和面临挑战的三大判断；基于天然气勘探开发作业流程与技术经济特征，建立了天然气勘探开发科技价值形成与实现机制。

（2）天然气勘探开发科技绩效评估方法比选与设计。解析了油气科技绩效评估四大主流方法并进行了改进思考，形成构建天然气勘探开发科技绩效评估方法体系的基本参照与重要依据；构建了天然气勘探开发科技绩效评估模型，并据此设计了三大类型天然气勘探开发科技绩效评估方法体系。

（3）天然气勘探开发技术要素应用效益递进分成评估方法研究。立足技术要素参与收益分配的基本前提，构建了天然气勘探开发技术要素应用效益递进分成技术经济模型，并按照技术经济模型设计的收益递进分成路径，进行多层级的技术要素应用效益分成的数学模型设计。基于模型形成了评估流程规范，为解决科研项目绩效评估与效益分配问题提供有效途径。

（4）天然气勘探开发技术要素市场化服务的收益分成评估方法研究。遵循规范化、科学合理和技术利益主体变动等原则，构建了天然气勘探开发技术要素市场化服务收益分成技术经济模型，并构建对应的数学模型。基于模型形成了评估流程规范，解决具体技术绩效评估与收益分配问题。

（5）天然气勘探开发科技研发体系建设绩效评估方法研究。基于天然气勘探开发科技研发体系建设绩效评估对象及资源配置，构建了天然气勘探开发科技研发体系建设绩效评估技术经济模型，并结合西南油气田"四院一所"科技研发实际，设计了相应的数学模型。基于模型形成了评估流程规范，解决科研机构绩效评估与绩效分配问题。

（6）天然气勘探开发科技绩效评估方法实证。以某页岩气田勘探开发为例，进行了天然气勘探开发技术要素应用效益递进分成法实证评估；以某精细控压钻井系统和某催化剂两个实例，进行了天然气勘探开发技术要素市场化服务收益分成法实证评估；以西南油气田"四院一所"（勘研院、天研院、工程院、安研院和经研所）为例，进行了天然气勘探开发科技研发体系建设绩效实证评估。

（7）加强天然气勘探开发科技绩效评估的政策建议。基于完善科技评估相关机制、编制出台科技绩效评估相关文件、强化科技评估基础条件建设、加强评估成果应用、培育科技创新文化五大方面提出了相关政策建议。

此书得以成稿，特别感谢时任中国石油西南油气田公司天然气经济研究所所长、教授级高级经济师姜子昂先生，对于全书的总体思路、体系结构和方法模型设计，提供了关键指导和宝贵意见；感谢西南石油大学经济管理学院教授、博士生导师余晓钟先生，在研究范式与内容布局上给予了良多建议；感谢中国石油西南油气田公司时任天然气经济研究所技术经济评价室主任、高级经济师王径女士，在实证研究过程中提供了重要帮助、助益巨大。同时，对中国石油天然气集团有限公司科技管理部、中国石油天然气集团有限公司咨询中心、中国石油西南油气田公司、西南油气田公司天然气经济研究所、西南石油大学等单位相关人员在本书编写过程中不同程度的贡献与支持，深表感谢！

在科技创新驱动高质量发展的时代命题中，科技绩效评估工作意义重大。然而，绩效评估是世界性难题，本书所做工作只是冰山一角，抛砖引玉。

由于编者水平有限，如有不妥之处，恳请广大读者批评指正。

目 录

第一章 天然气勘探开发科技绩效评估研究现状与基础

第一节 油气科技绩效评估相关概念 …………………………………… 1

第二节 国内外油气科技绩效评估研究启示与面临的挑战 ………… 8

第三节 天然气勘探开发科技价值形成与实现机制 ………………… 15

第四节 天然气勘探开发科技创新系统与绩效类型 ………………… 27

第二章 天然气勘探开发科技绩效评估方法比选与设计

第一节 油气科技绩效评估的主流方法解析与改进思考 …………… 37

第二节 天然气勘探开发科技绩效评估方法选择思路 ……………… 53

第三节 天然气勘探开发科技绩效评估方法总体设计 ……………… 57

第三章 天然气勘探开发技术要素应用效益递进分成评估方法研究

第一节 天然气勘探开发技术要素应用效益分成依据与思想 …… 65

第二节 天然气勘探开发技术要素应用效益递进分成技术经济模型 ………………………………………………………… 67

第三节 天然气勘探开发技术要素应用效益递进分成数学模型 … 72

第四节 天然气勘探开发技术要素应用效益递进分成评估规范 … 80

第四章　天然气勘探开发技术要素市场化服务的收益分成评估方法研究

第一节　天然气勘探开发技术要素市场化服务收益分成评估原则 ………………………………………………… 89

第二节　天然气勘探开发技术要素市场化服务收益分成技术经济模型 ……………………………………………… 90

第三节　天然气勘探开发技术要素市场化服务收益分成数学模型 …………………………………………………… 95

第四节　天然气勘探开发技术要素市场化服务收益分成评估规范 …………………………………………………… 105

第五章　天然气勘探开发科技研发体系建设绩效评估方法研究

第一节　天然气勘探开发科技研发体系建设绩效评估对象及资源配置 ……………………………………………… 113

第二节　西南油气田公司现有科技研发体系评估现状及解析 …… 119

第三节　天然气勘探开发科技研发体系建设绩效评估技术经济模型 ……………………………………………… 126

第四节　天然气勘探开发科技研发体系建设绩效评估数学模型 … 130

第五节　天然气勘探开发科技研发体系建设绩效评估规范 ……… 135

第六章　天然气勘探开发科技绩效评估方法实证

第一节　天然气勘探开发技术要素应用效益递进分成法实证评估——以某区块页岩气勘探开发为例 ………… 143

第二节　天然气勘探开发技术要素市场化服务收益分成法实证评估——以某精细控压钻井系统为例 …………… 148

第三节 天然气勘探开发技术要素市场化服务收益分成法
实证评估——以某催化剂为例 …………………… 153

第四节 天然气勘探开发科技研发体系建设绩效
实证评估——以西南油气田"四院一所"为例 ………… 157

第七章 加强天然气勘探开发科技绩效评估的政策建议

第一节 完善科技评估相关机制与推进科技绩效评估
市场化和公平化 ……………………………………… 167

第二节 编制出台科技绩效评估相关文件并推进
制度化和规范化 ……………………………………… 172

第三节 强化科技评估基础条件建设与推动科技评估
智能化水平提升 ……………………………………… 176

第四节 加强评估成果应用及推进科研完全项目制和人才
"双序列"制度实施 ………………………………… 179

第五节 培育科技创新文化及促进建立科技绩效评估长效机制 … 184

参考文献 …………………………………………………………………… 187

第一章 天然气勘探开发科技绩效评估研究现状与基础

第一节 油气科技绩效评估相关概念

一、科技与科技成果

（一）科技

科技，是科学与技术的简称。科学，是发现并公认的普遍真理或定理、已系统化和知识化了的知识，是知识体系、社会实践活动和社会建制的统一体；技术是为提高社会实践活动的效率和效果而积累、创造并在实践中运用的各种物质手段、工艺程序、操作方法、技能技巧和相关知识的总和。科学与技术既相互区别又相互依赖，彼此相互促进和相互转化。科学是技术的前提和理论基础，对技术有指导性作用；随着科技的发展，科学与技术已经成为一个不可分割的整体。

根据中国科技统计年鉴的定义，科技应当包含在所有科学技术领域内，即自然科学、工程科学和技术、医学科学、农业科学、社会科学及人文科学中，与科技知识的产生、发展、传播和应用密切相关的全部的、有组织的、系统的活动。由于进行任何一项科技活动，都不可避免地涉及人、财、物等的综合计划、运用、组织、协调、控制和管理，因此，科技活动应当包含科学研究与试验发展活动（基础研究、应用研究、试验发展）、科学研究与试验发展成果转化为商品阶段的科技应用以及科技服务（科技示范、科技普及、科技咨询）等系统工程。

（二）科技成果

科技成果全称科学技术研究成果，是我国在科技管理工作方面的规定和专门术语，是一个包括全部科学技术研究新成就在内的综合性概念，具有广泛范畴和含义的概念，并且目前有不断扩展和延伸的趋势。中华人民共和国科学技术部（以下简称国家科技部）在历来的科技成果管理文件中，对科技成果作了原则性的定义，规定科技成果是指为解决某一科学技术问题，经过研究与开发完成的并通过技术认定的具有一定实用价值或学术意义的结果，包括研究课题的结束，已取得的最后结果；研究课题虽未全部结束，但已取得可以独立应用或具有一定学术意义的阶段性成果。研究工作的一般性工作进展不属于阶段性成果。

根据国家科技部对科技成果的原则性定义和科技成果管理工作的实践，国内许多学者和管理专家对科技成果的特征作了进一步概括，认为科技成果首先必须具有新颖性、创造性、先进性和经济性，科技成果的这4个特性，也是区分科技成果与一般科技工作成绩的主要标志；其次是科技成果必须经过技术认定（包括鉴定、评审、验收、检测、行业准入、授权发明专利等），科技成果的技术认定，是科技成果管理的重要环节，能保障科技成果质量和水平，是科技成果登记、上报的依据。一般企业科技成果见表1-1。

科技成果转化及推广应用是促进科技进步的重要途径，包含两方面的含义：一是科研活动的逻辑延续，是指科技成果所进行的后续试验、开发、应用、推广直至形成新产品、新工艺、新材料，发展新产业等活动；二是科技成果的推广和应用。由知识形态的、潜在的生产力，转化为直接的生产力，还需要成果管理机构和使用单位对其加以推广和应用，这个过程谓之转化。

表 1-1 一般企业科技成果

科技进步		科技成果	科技成果构成	企业科技成果来源	与科技进步转化为经济效益有关的其他相关因素
广义的社会科技进步	狭义的企业科技进步	新设备	企业技术成果	（1）企业自行研发的成果； （2）企业引进、购买的成果； （3）社会知识渗透进企业形成的成果	（1）自然资源禀赋； （2）政治环境与经济政策； （3）社会、文化、道德状况
		新工艺			
		新材料、新能源			
		新产品			
		提高劳动者素质			
		企业资源利用方式的合理化	企业软科学成果		
		提高企业管理和决策水平			
		石油科学基础性与原理性应用研究	企业科学成果		
	狭义的社会科技进步	社会资源的优化配置	宏观软科学成果		
		社会总体知识水平的提高	社会的科学与技术成果		

二、科技效益、科技价值与科技绩效

（一）科技效益

科技效益是指科技成果经过生产、转化应用和推广后创造或带来的收益，具体体现在经济效益、社会效益等多方面。

1. 经济效益

"超额"收益是经济效益的本质所在，是科技成果能够带来比使用常规技术更多的收益，是科技"经济性"的表现，分为直接经济效益、间接经济效益和潜在经济效益。直接经济效益是一项科技产品或成果的生产、应用及转化并形成生产力，为科技成果的持有方和应用方带来的一次性（直接）经济效益。间接经济效益是由于一项科技产品或成果的生产、应用而对其他企业、领域、产品的带动和对市场的拉动效应，产生的二次或多次（间接）增加经济效益的效果。潜在经济效益是科技产品或成果在可能范围内扩大应用推广后，可能取得的预测经济效益。

2. 社会效益

科技的社会效益是指：科技产品或成果在推动科学技术进步，促进经济与社会发展，提高决策科学化、技术服务水平及科学管理水平，保护自然资源或生态环境，提高国防能力，保障国家和社会安全，改善人民物质、文化、生活及健康水平等方面所起的作用。有许多科技成果，其价值并不总是反映在经济效益的具体数据上，难于用金钱来衡量，但是具有重要的社会效益，国内外一般采用非价值量来进行定性评价。

（二）科技价值

价值问题是一切经济和社会行为的出发点与动机所在，是从事经济管理活动的基础。因此，基于马克思劳动价值论、效用价值论、生产要素价值论、均衡价值论等理论关于价值多维度认识，是全面把握科技价值判断以及科技决策价值准则基本前提。

1. 科技的哲学价值

立足科学技术哲学视域，科技是"人化自然"和"劳动物化"的复杂过程，即作为劳动主体的人作用于客观世界的实践活动的劳动产物，在这个过程中，经由抽象劳动和具体劳动的物化产生了科技的价值。因此，科技价值的本源应当是凝结在科技产品中的无差别的人类劳动（抽象劳动和具体劳动），是抽象价值和使用价值的统一体。

科学技术是人类智慧的结晶，当被劳动者掌握，演进为更高效的生产工具（技术发明、生产工具、制造装备）后，将促进人们更好地获取和利用自然资源并服务于生产生活，其就转化为推动社会进步的重要力量——直接的科技生产力，从而实现科技价值从无到有、从隐性到显性的价值实现以及价值增值过程。

2. 科技的经济学价值

科技的经济学价值主要立足"科学—技术—生产"这一动态过程实现，是科技转化为生产力后带来的收益，因此，科技的经济学价值通过科技效益体现，包含直接经济效益、间接经济效益、潜在经济效益。

3. 科技的社会学价值

科技的社会价值是科技的研发、科技成果的应用对社会发展的影响与作用，是科技满足人类社会在推动政治文明、精神文明（特别是伦理道德和行为规范)、生态文明、改进生活方式等方面的价值反映。

(三) 科技绩效

绩效,从投入产出的角度看,是一个组织或个人在一定时期内的投入产出情况,投入的是人力、物力、时间等物质资源,产出的是工作任务在数量、质量及效率完成情况。科技绩效的范围较为宽泛,可以从许多角度对其进行分析。中华人民共和国科学技术部科技评估中心提出,科技绩效可以从经济性、效率性和效益性思考:经济性涉及成本与投入之间的关系;效率性涉及投入和产出之间的关系;效益性涉及产出和客观效果之间的关系。

结合科技与科技成果、科技效益与科技价值等概念,狭义的科技绩效以科技成果为对象,是科技成果研发、转化应用与推广过程中涉及的人、财、物的投入与产出效率;广义的科技绩效则以全部科技活动为对象,应包含科技研发、科技成果转化应用与推广、科技服务等科技活动中涉及的要素的效率与效益。

综上,科技效益是科技价值的部分体现,科技价值包含科技效益但又不等同于科技效益;科技价值具有双重属性,可能是正向价值也可能是负向价值,与科技作用对象、使用主体以及使用环境等要素息息相关;科技价值是科技绩效的基础,科技绩效是科技活动全部价值的最终呈现。

三、技术有形化、商业化与价值化

(一) 技术有形化

技术有形化是指把技术、产品、服务、解决方案、经验规律等物质或非物质形态的事物,通过标准化、规范化、流程化等知识管理手段,形成一种可以复制、生产和发表的能力,使分散、隐性、依赖于少数专家的自用技术变成可共享和可传承的显形技术,并通过有效的载体和手段,形成技术品牌,提升核心竞争力,实现技术价值最大化。从广义上讲,技术有形化涵盖能反映特色技术的声、像、图、文、形(形象)、境(环境)等形象识别系统,是科技文化建设的重要内容与主要载体。技术有形化成功实现了技术从无形资产向有形形态的转变,为技术评估、技术定价、技术交易、技术推广应用等技术商业化和价值化过程奠定了基础。

（二）技术商业化

技术商业化是实现技术市场化发展和绩效表征的必然途径，包含技术交易、技术推广、技术应用、技术运营等系列过程。技术商业化关注如何通过商业运作手段使所创造的技术产品克服阻碍，满足潜在市场需求，实现其价值；技术有形化关注技术产品在每个阶段自身应该达到什么自我完善程度。技术商业化比技术有形化有更强的目的性，是技术有形化的终极目标；但是技术商业化的实现必然是以技术有形化成熟度的提高为基础。技术有形化是技术商业化的必经途径。

（三）技术价值化

从技术创新的角度看，技术价值化应该是一个系统工程，是一个动态而非静态的概念，涵盖技术价值从产生、确认、转化、应用到实现与增值的全过程，每一个过程都是一个子系统，每一个过程都涉及多重复杂要素交叉影响与渗透。

从战略管理的角度讲，技术价值化包含了技术有形化、技术商业化的全部阶段：技术创造与研发产生了技术的基础价值（内在价值）；技术确权（公开申请专利或内部确认）是技术有形化的重要部分，实现了技术价值的外显和第一次增值；技术价值评估和技术价格确定是技术潜在价值挖掘和第二次增值；技术商业化是实现技术市场价值的关键，也是技术价值再次增值的必要环节。

四、天然气勘探开发科技绩效评估相关概念

（一）科技评估

《科学技术评价办法（试行）》（国科发基字〔2003〕308号）将科技评估定义为：受托方根据委托方明确的目的，按照规定的原则、程序和标准，运用科学、可行的方法对科学技术活动以及与科学技术活动相关的事项所进行的论证、评审、评议、评价、验收等活动。科技评估是对与科学技术活动有关的行为，根据委托者的明确目的，由专门的机构和人员依据大量的客观事实和数据，按照专门的规范、程序，遵循适用

的原则和标准，运用科学的方法所进行的专业化判断活动。"科技评估"是评估活动的一种独立的分支，是对科技活动客观规律、动态发展过程及相关管理活动进行科学分析、判定和估量。

（二）科技绩效评估

科技绩效评估是对科技创新活动的过程及其结果和影响力进行价值判断的认识活动，具有判断、预测、选择和导向功能。由于不同的科技活动产生不同的科技效益和科技价值，对科技绩效的评估应当从科技反应的不同价值导向进行分类评估。基础研究是探索自然奥秘和运动法则、揭示自然发展规律的科学，它体现的价值主要表现在科学价值方面，而对科学价值的评估主要以新发现、新概念、新理论和新方法等原始创新性成果为评估标准。应用研究主要解决人类社会与经济生活中的科学问题，其价值导向主要体现在科学价值和社会价值两个方面。对高技术研究与发展这类应用研究的评估，价值导向也应兼顾科学价值与社会价值。而技术开发则是解决科学、经济、社会发展中的技术问题，它的价值主要体现在技术价值和经济价值两方面。对开发项目的评估目标是提高技术的成果转化，加速产业化的形成。学术界对基础研究、应用研究和技术开发达成的共识，应该成为评估实施以价值导向的分类评估的依据。

（三）天然气勘探开发科技及其绩效评估

天然气勘探开发科技立足天然气产业链中的勘探开发，是天然气全产业链科技体系的重要组成部分。狭义的天然气勘探开发科技指天然气科技成果中通过转化应用能够服务于天然气勘探开发活动的科学理论与技术；广义的天然气勘探开发科技，立足科技活动系统范畴，涵盖天然气勘探开发科技研发体系与天然气科技成果转化应用体系，具体满足天然气勘探开发主要业务需要而从事的科技研发机构与人才、基础平台、技术产品研发与应用、科技项目管理、科技人才培养等科技相关活动的总和。

天然气勘探开发科技绩效是对天然气勘探开发科技在研发机构、技术产品和技术决策支持中产生的效率和效益，包括对研发机构品牌建设与竞争力提升产生的效率，以及技术产品应用于天然气勘探开发生产与经营管理活动中进行技术决策支持产生的效益等。因此，对天然气勘探开发科技的绩效评估，是评估主体根据特定的目的，遵循一定的原则、程序和指标，综合运用科学、公正和可行的方法，对天然气勘探开发科技研发与科技成果转化应用进行定性与定量的绩效评价与估量，为天然气勘探开发科技管理与决策提供依据。

第二节　国内外油气科技绩效评估研究启示与面临的挑战

一、科技评估方法与评估模型相关研究与启示

（一）科技价值评估方法

目前，国际上资产评估常用的方法有重置成本法、收益现值法、现行市价法（简称成本法、收益法、市场法）三种。我国《资产评估准则——无形资产》中规定，资产评估方法主要有成本法、收益分成法和市场法，其内涵与国际上通行的三种评估方法相同。同样，国内通常采用无形资产的三种基本方法来评估科技这类技术型资产的价值，即成本法、收益现值法、市场法。三者优缺点见表1-2。

表1-2　科技价值评估常用方法对比

评估方法	优点	缺点
成本法	可实行度高，数据准确，评估结果可成为其他评估方法的参照	评估结果和无形资产价值会出现差距；成本计算不完整，导致技术的开发费用与成果的对应性弱
收益法	方法成熟度高、参考案例多、市场接受度高	对未来收益的预测和对资产获利能力的判断带有一定的主观性和随意性，特别是技术分成率难定
市场法	直接应用市场信息作为评估依据，更能反映无形资产的市场行情，市场信息准确	要求市场化程度高；由于知识产权的创新性和垄断性，获取相关信息资料困难；技术资产的非标准性，修正方法和修正因素的取值成为难点

（二）科技经济效益评估方法

科技进步贡献率计算方法的研究与发展：衡量科技进步贡献率的主流方法——生产函数法（余值法）。针对技术创新成果经济效益进行

微观上的量度研究，也是国外科技成果评估的一大发展趋势。目前被法律、法规认可的有两种方法：一是会计计价法，二是资产评估法。国外对科技绩效评价方法的选择和应用基本遵循三个原则：针对特定的评价对象选择评价模型和数据处理方法；以数学模型为基础，强调严格的定量指标和计算方法；对经典评价方法加以改造，以适应特定的评价对象呈现活动。

国外经济学、数学和计量学等方法的引入，实现了科技经济效益评估的重要突破。国内高校对天然气勘探开发科技评估的研究重点在经济评价方法上，以追求油气资源的产量、效益最优化配置为评估目标，见表1-3。

表1-3　高校开展上游经济评价的主要研究与应用

机构名称	方法名称	方法应用
首都经济贸易大学	天然气产能建设项目优化经济分析方法	考虑资源、技术、需求，多项目优化组合
	天然气资源优化配置评价方法	考虑技术、经济，解决产量、工作量及其他开发指标的最优配置
	气田不同开发阶段经济评价方法	以技术经济界限值为评价依据
重庆大学	天然气净化项目环境影响经济评价方法	量化开发过程中的环境影响，计入项目总费用
西南石油大学	天然气储量最优经济评价方法	油气田天然气储量收益、收益性支出和投资情况认识产量变化规律
长江大学	优选气田开发方案的灰色综合评价方法	灰色系统方法进行气田开发方案的评价优选
成都理工大学	基于模糊法和ANN[①]优选增压开采方案评价方法	将ANN选定的规范化值为输入量，模糊优选法得出输出量，进行综合评价
西安石油大学	低渗透天然气项目经济评价方法	同时进行财务指标和国民经济评价

① ANN—人造神经网络（Artificial Neural Network），是以数学模型模拟神经元活动，是基于模仿大脑神经网络结构和功能而建立的一种信息处理系统。

国内对科技评估的方法可以概括经济学方法、数学方法、主观分析法和综合分析方法。就油气行业而言，原中国石油天然气总公司根据中华人民共和国国家计划委员会和国家统计局等联合推荐使用科技进步"三率"（开采回采率、选矿回收率、综合利用率）指标，给出了石油天然气科技指标的测算方法，因使用条件不同而出现计算结果偏离实际的状况。下游石油科技成果经济效益的测算主要有"直接经济效益＋间接经济效益""销售收入－成本""成本费用的节约"等方法，现行的下游科技成果经济评估方法与上游与中游石油科技成果的经济评估方法类似，都存在高估现象。

（三）科技评估模型

从项目管理的角度，科技评估应当包含事前评估、事中评估和事后评估，每个阶段都应有相应的符合时段特点的评估流程，综合构成科技评估的完整管理体系。然而，梳理我国科技评估活动开展情况，科技评估工作并没有分门别类完整进行，见表1-4。

表1-4 我国科技评估活动开展情况

时段 评估对象	事前评估与评价	事中评估与评价	事后评估与评价
科技政策	未开展	部分开展	未开展
科技发展领域	计划可行性论证	部分计划执行评估	部分计划的综合评估和绩效评估
科技项目	立项评审、评议等	部分项目的中期评估	验收、部分项目绩效评估
科技成果	—	—	成果鉴定
科技机构	—	部分开展	
科技人员	—	部分开展	

同时，研究发现，现有评估流程大致概括为基于项目管理思想的评估和基于经济效益思想的评估。基于项目管理思想的评估：多以评估目标、项目管理过程以及技术效果为依据，注重对过程的监测和对结果的监测，比较典型的是国家科技计划项目评估模型，如图1-1所示。

基于经济效益思想的评估：反映为满足科技需要的资源配置和投入与所取得的实际效果之间的比较关系，典型的是财政类科技评估模型，如图1-2所示。

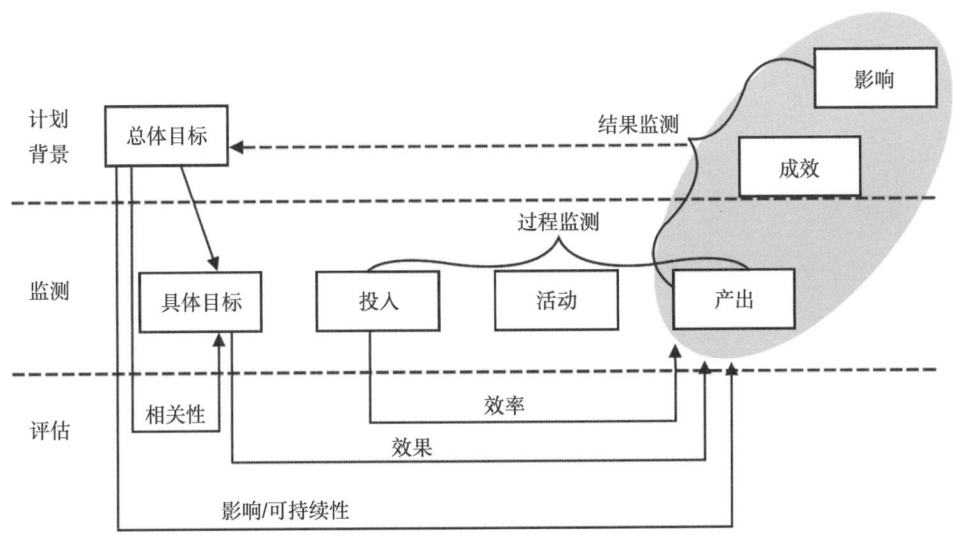

图 1-1　基于项目管理思想的评估流程模型

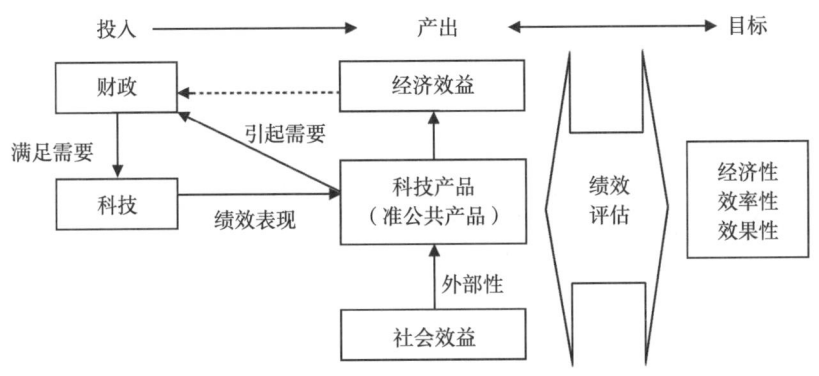

图 1-2　基于经济效益思想的评估流程模型

（四）研究启示

（1）科技绩效评估方法的研究在国内处于探索期，案例较少。

一方面，高校对上游天然气勘探开发科技评估的研究重点在经济评价方法上，以追求油气资源的产量、效益最优化配置为评估目标，很少涉足科技绩效评估；另一方面，当前关于科技价值的评估并没有统一的方法，现有的成本法、收益法、市场法和实物期权法等科技价值评估方法科技成为科技绩效评估的借鉴。

（2）现有科技绩效评估模型大致概括为基于项目管理思想的评估模

型和基于经济效益思想的评估模型。

基于项目管理思想的评估模型多以评估目标、项目管理过程以及技术效果为依据，比较典型的是国家科技计划项目绩效评估模型。基于经济效益思想的评估模型反映为满足科技需要的资源配置和投入与所取得的实际效果之间的比较关系，典型的是财政类科技绩效评估模型。

（3）从世界范围看，准确地进行科技成果价值认定和绩效评估是一个世界级的难题。

综上分析可知，虽然当前研究总结出许多众所公认的计算方法，由于行业、企业之间的差异太大，各自独立进行的研究深度不够，仍然没有解决评估方法科学化的问题；同一类型科技成果经济效益计算的方法差别很大，致使其横向可比性较差。

二、国内外科技评估机构与评估范围研究与启示

（一）国外科技评估机构与评估范围

第三方科技评估在国外拥有较长的发展历史，发达的市场经济使其形成了较为完善的科技中介服务业，其运作模式以及为科技创新和科技成果转化服务等方面具有鲜明的特点，注重运作的商业化、服务的专业化，从业人员的整体素质高，评估服务的内容和方式随着市场需求不断创新，见表1-5。

表1-5 国外科技评估主要机构及评估目标与范围

机构名称	目标	范围
美国国家技术转移中心（NTTC）	整合性技术交易信息网站及专业咨询	技术评估、技术评价、技术转移、专业咨询、技术授权辅导等
德国史太白基金会（STW）	知识和技术转移、创新潜力向实践转化	技术转移、咨询、研究，采用"特许经营、专卖权、加盟费"形式
德国马普学会	研发成果的管理、转化与实施	技术秘密、转化方面的政策咨询
英国技术集团（BTG）	促进开发成果转化为现实的生产力	寻获技术、评估技术成果、专利保护、技术商业化开发、市场包装、转让技术
欧盟创新驿站网络计划（IRCR）	促进研究成果开发和技术转移	挖掘技术需求、寻找技术伙伴、技术合作服务

（二）国内科技评估机构与评估范围

国内的科技评估机构诸如国家科技评估中心、各省市评估中心等，石油天然气领域科技中介机构主要由三大石油公司投资建立，围绕企业的发展战略、科技进步、生产经营做了不少服务工作，取得了显著成效，见表1-6。

表1-6 国内科技评估主要机构及业务

类型	机构名称	主要业务
综合性	中国技术交易所	技术交易、知识产权、科技金融、股权激励咨询、技术合同登记、商标交易
	上海技术交易所	技术难题招标、技术诊断、项目咨询、可行性研究、市场调研、技术交易鉴证
石油行业	石油科技评估中心	科技管理方法研究、科技战略与科技规划、科技管理咨询、科技查新
	中国石油天然气集团公司咨询中心	决策咨询、专题研究、可行性论证
	中国石油经济技术研究院	科技经济效益评估
	大港石油经济技术咨询中心	石油石化规划咨询、科研项目建议、招投标咨询
	新疆石油管理局工程咨询中心	工程咨询、安全评价、规划咨询、油气咨询

（三）研究启示

通过社会化、专业化的评估机构进行科技评估，是健全科技评估体系、保证科技资源高效利用的重要组成部分。纵观国内外科技评估机构的服务内容与范围，科技评估主要服务与技术交易，针对科技绩效评估的研究相对较少，也并未形成完整的科技绩效评估体系；国内石油行业，需要不断研究与探索。

研究认为：（1）国外的科技评估是以推广技术转移的技术中介为主导，其进行科技绩效评估是为了技术转移和技术应用服务的。（2）国内的科技评估主要为技术交易的，并未形成完整的科技绩效评估体系，研究整体滞后于西方发达国家；国内石油行业，仅中国石油天然气集团有限公司咨询中心和经济技术研究院具有相对成型的评估规范，仍需要改进和完善。

在科技评估发展的黄金时期，在科技创新的驱动下，科技与资本的结合使得科技第三方评估越来越重要。充分发挥第三方科技评估在降低技术风险、市场风险和资金风险方面的作用，是天然气勘探开发科技绩效评估发展的大势所趋。研究一套完整的天然气勘探开发科技绩效评估体系规范，能为天然气勘探开发科技绩效评估的独立化和专业化发展提供参考依据和重要保障。

三、天然气勘探开发科技绩效评估面临的挑战

（一）对科技价值的认识与管控难度持续存在

一是天然气勘探开发作业自身技术经济特质对科技价值实现的原生障碍。天然气勘探开发属于技术密集性过程，具有强烈的技术依赖性。然而，天然气勘探开发面向地下油气资源，具有高度复杂性、风险性和不确定性，使得科技的价值也随之呈现高度不确定性，更不能简单量化其绩效。尤其是四川盆地勘探对象日趋复杂，向"深层、盆边"转变，存在众多地质认识及瓶颈技术问题，目标落实困难、实施成本高、勘探周期长、寻找优质与规模可动用储量难度大；需要持续攻关资源评价方法、储层预测及评价技术、复杂构造处理解释技术，提高勘探技术适应性和可靠性。

二是缺乏规范的天然气勘探开发科技绩效评估体系和结果给科技价值管控带来的客观困难。天然气勘探开发科技类无形资产缺少合理的定价参考，使得天然气勘探开发科技技术交易也变得困难，技术转让和交易机制也不完善，导致天然气科技产业链上中下游难以有效衔接，技术价值很难充分实现，更难以以技术价值为基础激励天然气勘探开发科技人才创新创效；由于没有建立完善的天然气勘探开发科技绩效评估体系对天然气勘探开发科技的价值进行全方位认知，在面对天然气勘探开发科技领域知识产权侵权问题时，通常侵犯方对其侵犯技术型资产的行为只需赔偿有形资产的价格，忽视了天然气科技技术型资产的潜在获利能力，大大削弱了知识产权保护的有效性，打击了天然气勘探开发科技研发积极性。

（二）绩效评估方法的选择和确立难度大

现有的对天然气科技绩效进行评估评价的研究，诸如中国石油科技成果经济评估研究、中国石油科技进步贡献率计算及应用研究、西南

油气田公司科研考评体系研究、天然气利用项目经济评价方法研究、川渝天然气使用经济价值计算方法研究、西南油气田公司勘探绩效分析研究、天然气对区域社会经济发展的贡献评估研究等，总体表现为研究内容单一、研究方法零散，多是以获得多少项科技成果等定性指标为依据、关注具体技术类别、聚焦单一经济效益和价值，或只关注科技进步贡献率的评价，呈现不同程度的局限性，难以完全满足天然气产业发展对综合绩效评估的要求。

因此，构建内涵丰富、层次清楚、系统性、通用性的天然气勘探开发科技评估方法体系，解决现有天然气勘探开发科技绩效评估在不同类型指标体系、方法与流程等多层面间的离散性问题，为天然气勘探开发科技价值实现、成果转化应用、管理提效创造条件，为天然气行业科技激励政策的推行与实施提供保障。但是，天然气勘探开发科技绩效评估的指标遴选、评估方法和模型的选择受诸多因素的影响，必须在现有油气科技效益相关评估方法基础上研究适合天然气勘探开发科技绩效评估的方法。

（三）目前进行科技绩效评估的制度尚未确立

目前科技绩效评估的规范性、制度化以及数据库构建的不足，可参考性和借鉴性弱。第三方评估机构进行科技绩效评估的制度并不完善，推进难度很大。缺乏科技研发与成果应用综合考评制度规范，技术奖励制度难以付诸实践或者难以深入有效地推进；项目津贴标准偏低加上封顶的限制让很多科研人员承担项目的积极性不高，"干与不干一个样、干多干少一个样"思想盛行，创新意识淡薄，科技创新氛围不浓厚；科研与生产结合不够，科技成果推广应用力度亟待加强；缺乏对天然气科技资源有效性做制度性考量，包括技术资源、人力资源、物质资源等。

第三节　天然气勘探开发科技价值形成与实现机制

一、天然气勘探开发科技价值链与技术经济特征

（一）天然气勘探开发作业流程

天然气行业属于资源采掘业，生产经营的核心是根据市场需求不断探索地下天然气资源，把投入资本转化为储量，采用先进的开采工艺技

术，将气藏中的可采储量开采出来，成为可利用的商品气，并通过管道输送到用户。因此，处于产业链上游的天然气勘探开发是一个综合性、系统性的资源开采建设与生产过程，包括了气藏地质研究、资源勘探、气藏描述、开发设计、钻井作业、井下作业、采气作业以及天然气矿场集输与净化处理等多个作业流程，如图1-3所示。

天然气勘探是指利用各种勘探手段了解地下的地质状况，认识生气、储气、天然气运移、聚集、保存等条件，综合评价含气远景，确定天然气聚集的有利地区，找到储气的圈闭，并探明天然气气面积，搞清天然气气层情况和产出能力的过程。天然气开发作业主要由气藏工程和采气工程来完成。

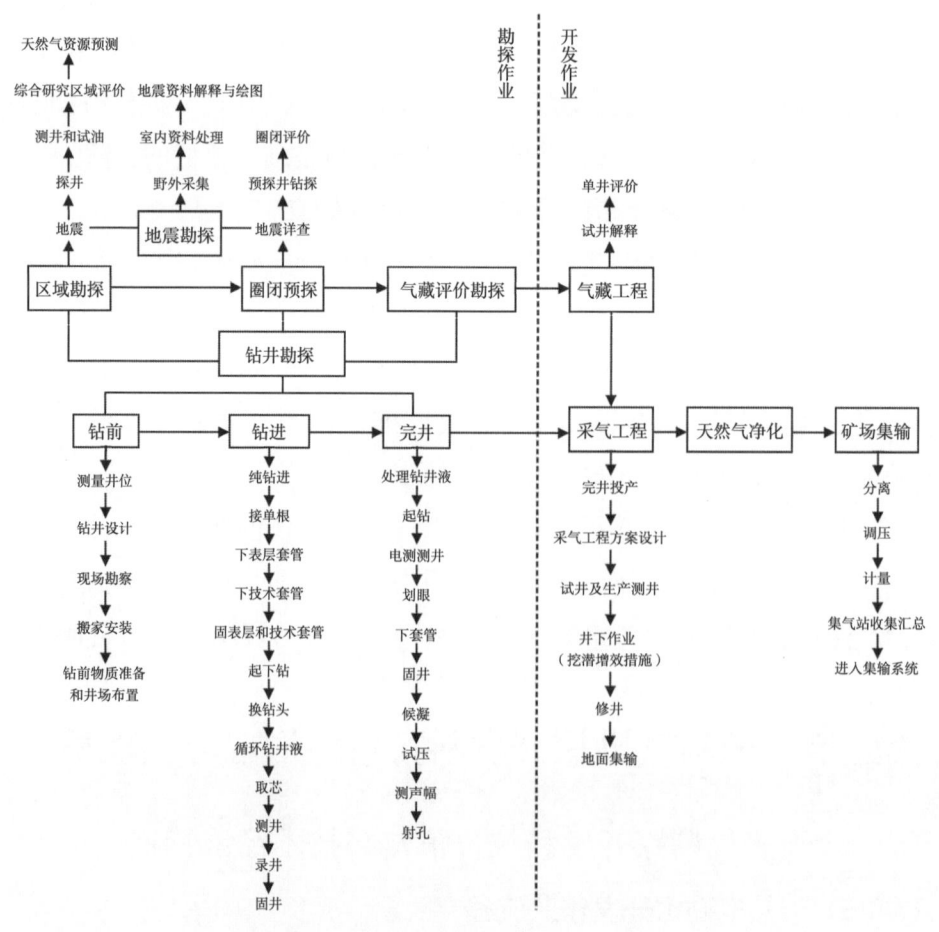

图1-3 天然气勘探开发作业基本流程

（二）天然气勘探开发作业的技术经济特征

（1）以天然气资源为作业对象。天然气勘探开发的作业对象是天然气资源，含气层是天然气勘探开采的物质基础，也是天然气产业作为矿产采掘业与其他工业企业最明显的区别。因此，天然气勘探开发作业必然受制于天然气资源的生成客观规律和分布位置的自然性，天然气资源分布的广度和气藏分布的隐蔽性，使得天然气资源勘探开发作业呈现分散性和野外作业性，大部分气井在边远山区，工作条件和环境十分艰苦，作业管理难度大。

（2）具有产量递减性。天然气的开采是在勘探和开发投资完成以后进行的，获得天然气可采储量是进行开采生产经营活动的前提，有了可采储量才有产量；天然气储量构成了天然气开采企业生产力的基本要素，储量不断减少，天然气生产就逐渐失去了发展的基础，而获得的可采储量越多，可供开采的天然气量就越多，天然气产量自然就会上升。但是，天然气资源的有限性、不可再生性、可耗竭性决定了天然气产量难以回避的递减性，在特定的开采环境和一定开采技术条件下，随着开采时间的推移，天然气产量、开采规模以及剩余可采储量会逐步递减。

（3）开采的高风险性。风险性是天然气勘探的固有特性。由于天然气勘探开发是以深埋地下的含气层为工作对象的，因此，它具有以下特点：一是深部气层的不可见性；二是勘探技术的局限性；三是勘探资料获取的有限性；四是地层本身的非均质性和在漫长的地质年代中地质演变的非连续性；五是人类对天然气藏演化规律认识的有限性。这些因素导致预测和评价结果与实际气藏分布规律存在较大的差异，形成了勘探开发风险。

（4）技术密集与资金密集。天然气的开采生产是一个复杂的系统工程，从勘探、开发、产能建设到集输并供给用户的工艺过程是多种科学技术的综合应用。天然气企业是一个技术密集、资金密集的企业，科技投入和技术创新与天然气生产发展呈正相关。要把天然气从地下开采出来，必须解决地质调查、地震资料分析、井位确定、钻井勘探等一系列技术问题，在后期开采阶段还需要使用机抽、排水采气、高低压分输等相应的技术手段，这一系列作业过程需要大量的科技投入和技术创新。

一方面,天然气企业如果要保持产量稳定,就必须保持合理的储采比结构,那么就必须增加勘探开发投入获得新的可采储量,使储量消耗和不断地补偿处于相对的动态平衡状态,使储采结构重新达到合理水平;另一方面,天然气企业如果要提高产量扩大再生产,就必须投放更多的资金,扩大勘探开发领域,寻找更多的天然气可采储量。

(5)气田开采效益呈马鞍形。在一个气田开采生命周期内都要经历产量上升期、产量稳定期和产量衰减期3个阶段,气田开采经济效益呈马鞍形变化(图1-4),一个气田开采的经济效益是随产量的变化而变化的。

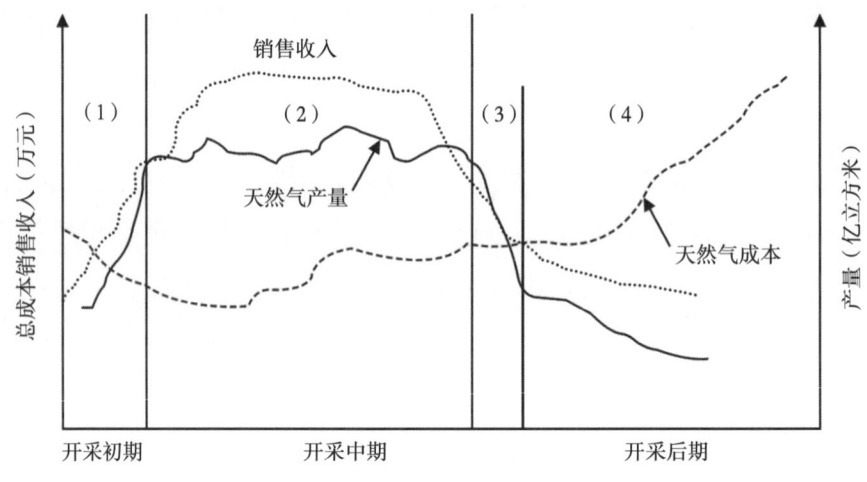

图1-4 气藏各开发阶段天然气产量、销售收入与成本关系图

二、天然气勘探开发科技价值属性

(一)复杂性

天然气勘探开发作业是一种高风险作业,其作业对象是经过漫长地质演化形成的、深埋于地下的复杂地质综合体,包括地层和油、气、水流体,大到含油气盆地、含油气系统、油气富集带,小到油气藏都是相对巨大的、且看不见、摸不着的复杂对象,而且不同地区的地质条件更是千差万别。人们只能通过物化探、钻井等手段取得各种地下的工作对象数据,通过对这些信息的分析和判断,间接地了解工作对象的情况。这种间接的认识使得勘探开发活动充满了不可预见性和未知性,从而给勘探开发活动带来较大的风险,也相应地给天然气勘探开发科技的研发

与应用带来了巨大挑战，使得天然气勘探开发科技从价值的创造到实现都充满了复杂性。并且，这种复杂性是与天然气勘探开发作业高风险性呈同步增长趋势，天然气勘探开发科技的创新度越大，所承担的风险越高，科技含量也越大，复杂程度则越高。

（二）倍增性

天然气勘探开发科技作为无形资产的一种，通常是依附于知识、信息、技术、产品、工具、装备等形态存在并产生原始价值的。其使用价值的实现过程较为复杂，需要通过一系列中间试验环节才能正式投入生产，然而，一旦投入生产并实现规模应用，天然气勘探开发科技的价值就具有了在横向上无限扩散和在纵向上延续传递的能力。通过在天然气勘探开发作业和实践中的反复使用与推广传播，科技的潜在价值会进一步扩张，不断实现增值；通过对技术系列的纵深研发和价值挖掘，能够不断实现技术突破与科技梯度升级，尤其是与其他生产要素的有效融合，将得到在原始价值之上的新增价值，使得技术价值不断得到叠加与增长。

（三）阶段性与反复性

由于工作对象的隐藏性、庞大性以及认识的间接性，再加上勘探开发理论与技术的发展性，因此，油气勘探开发过程中对地层和油、气、水的认识往往需要不断反复探索和研究，很难一次性完全确定。一般来讲，勘探开发工作者地质学水平的高低、掌握数据信息的多少和了解程度的深浅以及勘探开发经验的多寡对勘探开发认识和实践活动的质量有决定性的作用。一个勘探开发项目，随着不断积累和掌握更多的对象数据信息以及不断运用新的科学技术方法，对地层和油、气、水的认识将不断得到提升，同时勘探开发科技成果将不断增加。

从勘探方面看，从盆地区域勘探阶段到油气藏评价勘探阶段，勘探对象从盆地到油气藏，范围不断缩小，勘探成果从远景资源量到探明储量逐步升级，质量精度不断提高。整个勘探工作具有明显的阶段性，而各个阶段彼此关联，又表现出明显的连续性。从开发方面看，天然气的开发具有明显的阶段性，大都会经历开采初期的投产建设阶段、开采中期的高产稳产阶段、开采中后期的产量迅速递减阶段和开采后期的低压小产阶段,这几个阶段彼此关联,形成气田开采周期,又表现出明显的连续性。

(四)专有专用性

天然气勘探开发利用环节需要以下技术的支撑:构造综合勘探评价技术,勘探开发技术,成像测井技术,特种水平井钻采技术,气水混相输送和液液旋流分离技术,气田高含水后期剩余天然气分布的监测、描述和挖潜技术,低渗透油气藏开采技术,高分辨率地震勘探技术,天然气开发及综合利用技术(如提高单井产量和采收率技术,水驱含硫气藏的开采工艺和脱硫技术,深层凝析气藏相态,多组分数值模拟、开采方式、循环注气工艺、气液采出后处理等技术,天然气加压吸附技术,甲烷甲醇技术,轻烃芳构化、异构化、氧化、醚化技术),复杂地质条件深井、超深井钻井技术,沙漠、滩海天然气工程技术,天然气勘探开发应用软件工程化及集成化技术等。

作为一种特殊的无形资产,石油科技成果的垄断性还表现为如不及时推广应用,其价值根本无法实现;与油气采掘有关的石油科技成果由于产量的自然递减会表现出效益的递减性;由于石油科技发展的速度加快,石油科技成果的时效性表现为成果能够创造效益的周期比较短。

三、天然气勘探开发科技价值形成机制

(一)天然气勘探开发科技价值创造的本源—科技人员的劳动

科技劳动是最具有探索性和创造性的劳动形式。天然气勘探开发科技劳动主要包括以天然气资源为对象从事的相关科学技术研究、科技开发、科技推广、科技服务和科技咨询等活动,其产品主要是智力及其物化产品和精神化产品,是天然气勘探开发科技价值形成和实现的来源。这类劳动大致分为商业化和非商业化两类,并与其他劳动具有很大区别,表现在复杂性与创造性、间接性与无形性、独立性和继承性、创新性与风险性、高流动性、社会性与协作性等特征上。

天然气勘探开发科技人员作为科技劳动的载体,是天然气勘探开发科技价值的创造者。但是,天然气科技人员创造科技价值的过程都是在既有基础上的科技重新建构与超越。根据著名技术思想家、经济

学家布莱恩·阿瑟对技术本质的认识，新科技并不是完全无中生有出来的，科技都是从已有的科技体系中被创造（被建构、被聚集、被集成）而来的，这既是科技创新的本质过程，也是科技价值产生的本源过程。天然气科技人员对天然气勘探开发科技价值的创造，是充分发挥人的主观能动性、以天然气资源为对象进行的有目的的编程、捕获并加以利用的集合，每个新技术和新的解决方案都是一个组合，每个现象的捕捉都会应用一个组合。这在天然气勘探开发科技创造过程中体现得淋漓尽致：为解决天然气勘探开发面临的一众问题去采用新的科学与新的技术，新的科学和新的技术又引起新问题，新问题的解决又要诉诸更新的科学与更新的技术。而这一系列螺旋上升的过程中，天然气勘探开发科技价值得以凸显和跃迁，但是都离不开天然气科技人员的劳动，如图1-5所示。

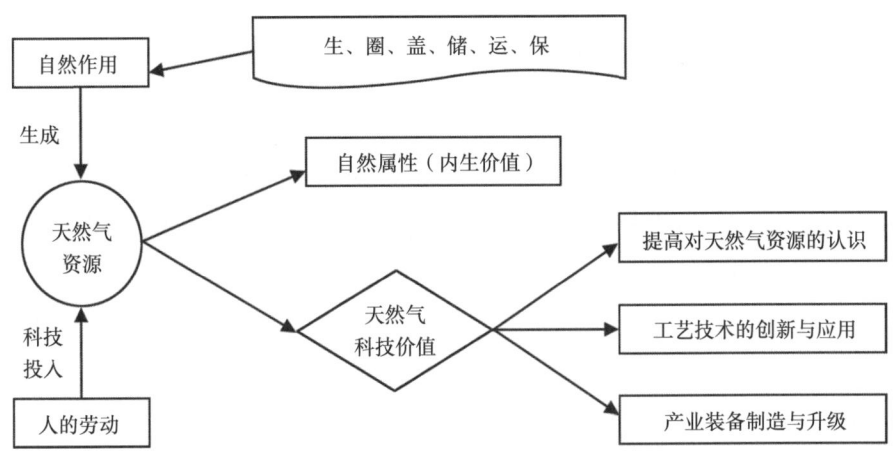

图1-5 天然气勘探开发科技价值的创造与形成示意图

（二）天然气勘探开发科技价值的形成

按照一般技术创新的时间逻辑，需要经历基础研究、应用研究、试验开发、中试、规模化生产和技术运营等重要环节。天然气勘探开发科技从研发到投入生产的过程，也并非一蹴而就的，其价值也是从隐形到不断显性化演进的，如图1-6所示。在这个过程中，就需要多方行为主体的共同参与，诸如高校/科研机构、企业、政府、中介机构等，各参与方都是催生天然气勘探开发科技价值形成的重要行为主体。

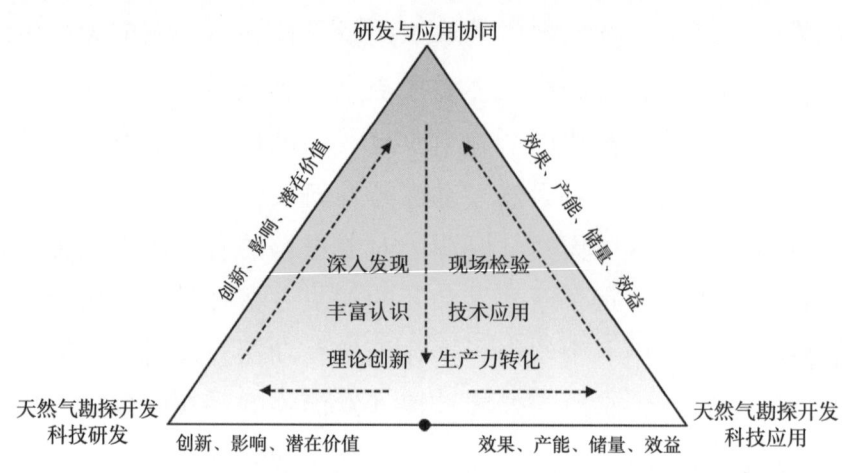

图 1-6　天然气勘探开发科技价值的阶段表征

1. 油气企业

油气企业是天然气勘探开发科技创新的重要主体，承担着科技成果商业化后进入市场形成价值的重要任务。油气企业在天然气勘探开发科技价值形成中的主体地位具体体现在：（1）从事天然气勘探开发科技创新的本质在于实现科技成果的商业价值。（2）天然气勘探开发科技创新是生产要素的重新组合，这种组合只有油气企业通过市场才能实现。（3）油气企业具备实现天然气勘探开发科技创新活动所必需的组织体制。一方面，油气企业是天然气勘探开发科技创新成果推向市场的有效载体，科研机构可通过与油气企业的合作将其科技成果产业化，自身获得更多的研究经费，实现创新的良性循环；另一方面，油气企业虽也是天然气勘探开发科技创新的主体，但毕竟创新能力有限，离不开科研机构、大学的相关技术支持。

2. 高校／科研机构

高校／科研机构是高新技术的提供者，也是科技创新的重要主体，承担着高新技术的发明、创造与改造的重要任务。高校／科研机构位于创新的源头，是科技知识和技术成果产生的摇篮，是科技成果知识产权的享有者，而油气企业的功能定位主要是创新的投入者和科技创新成果的使用者。

3. 政府

政府是科技创新活动顺利进行的保障者和协调者，为创新活动提供良好的成长土壤。首先，政府通过创立法律来保护技术供给方与需求方的知识产权与合法权益，并提供必要指导，调动双方的积极性；其次，政府通过制定一系列政策，如降低税收、提高低息贷款等，鼓励企业引进技术；再次，政府还可以通过完善科技中介机构来促进科技供需双方的交流，实现科技成果的转化。

4. 科技中介机构

科技中介机构是科技创新活动的间接支撑者，在联络不同创新主体间发挥作用。其以高校/科研机构和企业为主要服务对象，提供技术、资金、信息、管理等多方面的专业服务，实现知识技术的供方和技术需求方之间的有效对接。在创新活动中，中介机构的作用常常发挥在应用研究到试验开发这一中间过程，往往会向企业提供企业所需相关技术的信息，促成技术供给方与需求方的合作。达成合作协议后，中介机构又可帮企业获取金融机构的资金支持，使得创新合作可顺利进入试验开发环节。

四、天然气勘探开发科技价值实现机制

（一）天然气勘探开发科技价值实现过程

立足科技创新理论视域，科技价值的实现本身是一个系统工程，涵盖科技价值从创造、产生、形成、确认、转化、应用到实现与增值的全过程，每一个过程都是一个子系统，每一个过程都涉及多重复杂要素交叉影响与渗透。从系统论和协同论的视角出发，天然气勘探开发科技价值实现是一个协同过程，如图1-7所示。

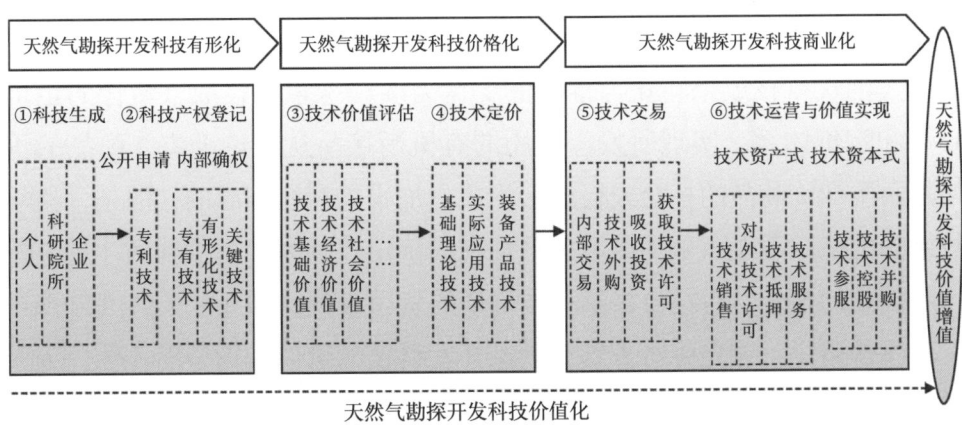

图1-7 天然气勘探开发科技价值协同实现过程

1. 天然气勘探开发科技有形化

天然气勘探开发科技有形化是天然气勘探开发科技价值化的第一阶段，在这个阶段中，天然气勘探开发科技创造带来天然气勘探开发科技价值的产生，通过天然气勘探开发科技确权实现天然气勘探开发科技价值的外显和第一次增值。包含两个重要过程：一是科技生成，有赖于价值形成机制的作用；二是科技确权，针对天然气产业的特殊性和天然气勘探开发科技的复杂性，主要有两种形式：外部确权和内部确权。其中，外部确权即公开申请专利，借助法律形式进行技术保护，有利于天然气勘探开发科技的进一步资本化和商业化运作，如进行专利抵押、专利信托与许可、专利证券化等。但是通过申请专利进行外部确权后，技术可被公开查询，无形中加大了天然气勘探开发科技外溢的风险，对于一些处于领先地位和保密阶段的天然气勘探开发科技并不适用，这类天然气勘探开发科技更倾向于通过另外一条渠道进行产权确认，即内部确权。天然气勘探开发科技内部确权的范围主要包括不便于公开申请专利的油气专有技术、关键技术以及油气有形化技术，进行内部确权相对而言成本较低，利于天然气勘探开发科技保密、天然气企业竞争力提高。

2. 天然气勘探开发科技价格化

天然气勘探开发科技价格化是天然气勘探开发科技价值化的第二阶段，在这个阶段中，天然气勘探开发科技价值评估成为天然气勘探开发科技潜在价值挖掘与价值显性化的重要途径，对价值评估后的天然气勘探开发科技价值定价，实现天然气勘探开发科技价值的第二次增值。

中国石油天然气集团有限公司科技创新与信息大会上也明确提出，要加大油气科技成果转化与推广的支持力度，探索科技成果转让的定价政策和定价体系，实现研发与应用的有机衔接。从理论上讲，商品的价格是由生产该商品的社会或行业平均成本加平均利润构成的，但是，科学技术的价格却不能由平均成本加平均利润确定，因为，超额利润才是科技价格确定的基础。科技价格是科技价值的货币表现，因此，天然气勘探开发科技价格化，首先要对天然气勘探开发科技的价值进行全面评估，为天然气勘探开发科技定价奠定基础；其次要针对天然气勘探开发科技的特殊性和复杂性，选择合适的定价模式进行天然气勘探开发科技定价。

3. 天然气勘探开发科技商业化

天然气勘探开发科技商业化是天然气勘探开发科技价值化的第三个阶段，在这个阶段中，通过天然气勘探开发科技交易实现天然气勘探开发科技的市场价值，通过天然气勘探开发科技运营进一步实现天然气勘探开发科技价值以及天然气勘探开发科技价值的第三次增值。

天然气勘探开发科技商业化是天然气勘探开发科技有形化到市场化发展的必然要求，是天然气勘探开发科技价值实现和价值增值的重要过程。一方面，天然气勘探开发科技交易是天然气勘探开发科技资本化的最后一步，也是天然气勘探开发科技商业化的必要条件，能够提高天然气勘探开发科技对业务发展和效益提升的贡献率。现有的天然气勘探开发科技交易的方式主要有内部交易、技术外购、吸收投资、获取技术许可等方式。另一方面，由于天然气勘探开发科技的商业化推广应用存在着固有的结构性障碍，不但增加了展示技术的难度，也加大了挖掘和消化吸收新技术的难度，因此，天然气勘探开发科技运营要注重对天然气勘探开发科技资本式和天然气勘探开发科技资产式的综合运营。

（二）天然气勘探开发科技价值的实现路径

1. 增储上产、延缓递减、提高采收率

天然气勘探开发科技价值通过天然气理论基础科技研究、天然气工程技术科技、天然气经济与管理科技研究，服务于天然气勘探与开发环节，同时影响和服务于天然气储运、天然气销售与利用销售等天然气产业链其他环节，最终通过满足市场需求得以实现。天然气勘探开发科技成果和科技创新能够帮助人们提高天然气认知能力、提高改造和利用天然气能源的能力，具有其认知价值；其经济价值一般体现在数量增长与质量提高层面，通过储量和产量规模效益、单位成本降低实现数量增长，通过市场与产业结构优化、科技创新创效实现质量提高；其社会价值与生态价值体现在生态环境贡献、资源节约利用、能源供应安全等方面。天然气勘探开发科技经济、社会价值与生态价值的实现，为天然气产业可持续发展提供不懈动力。

天然气勘探开发科技的应用与进步，有利于增加天然气的现有储量，提高天然气资源的供给潜力。无论是基础地质理论的创新还是勘探开发应用科技的突破，都对天然气储产量规模扩大有着强有力的推动作用。纵观国内外天然气勘探开发的历史，不难发现，天然气储量的增长除了受天然气价格上扬等有利因素影响外，勘探开发技术的进步与创新是不可或缺的重要因素，其中最重要的诸如三维地震勘探技术、水平井和大位移井等钻井技术、随钻和成像测井技术、水平井压裂技术、勘探开发生态环境保护技术等。例如，几十年来先后经历了光点技术、模拟技术和数字技术三个阶段，二维地震、三维地震到高分辨率三维地震的技术进步，使一大批油气田得以发现；又如，钻井是天然气勘探和开发的重要手段，也是增加天然气储量和产量的关键环节，近年来发展的水平钻井、大位移钻井、分支井、多底井、欠平衡钻井等技术使深埋地下数千米的天然气得以开采出来，并且极大地提高了天然气采收率。

2. 实现企业经济效益

天然气勘探开发科技价值中的经济效益，是指天然气勘探开发科技成果经过生产、应用后创造（带来）的超额收益，是天然气勘探开发科技经济效益的本质所在。不同于现有技术或常规技术的价值，改进或创新后的天然气勘探开发科技，能够带来比使用之前技术更加明显的经济效益，就是超额收益，是科技创新成果对经济效益的贡献，也就是天然气科技创新的经济性表现。按照表现形式，可以分为直接经济效益、间接经济效益和潜在经济效益。

直接经济效益是指一项科技成果投入天然气勘探开发的生产和应用中，并且转化为生产力，为科技成果的持有方和应用方带来的一次性效益，叫直接经济效益。提高直接经济效益的途径主要包括：一是增加产出量，即销售量，当产出量的增量大于生产要素直接投入量的增量时，表明单位投入的直接经济效益得到了提高；二是在产出量不变的情况下降低生产要素直接投入量。间接经济效益是指由于一项科技成果的生产与应用而对其他企业、领域、产品的带动和对市场的拉动效应，产生的二次或多次增加经济收益的效果，叫间接经济效益。提高间接经济效益的途径也有两条：一是在天然气勘探开发某个作业环节进行科技投入后，诱发了与之有技术经济联系的作业环节产出增加，从而带来间接经济效益增加；二是天然气勘探开发某个作业环节进行科技投入后，与之有技术经济联系的作业环节的生产要素投入量降低，也会产生间接经济效益。潜在经济效益是指科技成果在可能范围内扩大应用推广后，可能取得的预测经济效益。

3. 实现社会经济效益

一般而言，科技的社会效益涵盖科技成果推动科学技术整体进步，促进经济与社会发展；提高决策科学化、技术服务水平及科学管理水平；保护自然资源或生态环境；提高国防能力；保障国家和社会安全；改善人民物质、文化、生活及健康水平等方面所起的作用。比如，天然气具有高效、低污染、低成本的优势，应加大天然气的利用力度，以推动我国能源消费结构的升级。

第四节 天然气勘探开发科技创新系统与绩效类型

一、天然气勘探开发科技创新系统基本结构

天然气产业作为一种连续流程产业，其内部纵向和横向存在着密切联系。这一特点决定了应该从系统角度，整体全面地考虑天然气产业的创新问题。一般认为，产业科技创新体系具体包括企业创新机制（动力机制、激励与约束机制、支撑和运行机制）、产学研合作体系、基础研究体系、技术引进体系、重大技术攻关及产业化体系、中介服务体系、政策支持体系等组成。天然气产业科技创新体系是一个体系之间耦合的复杂系统，不仅要构筑完整的要素体系，更要揭示各要素体系之间的耦合和作用机制。

天然气勘探开发科技创新体系立足天然气产业链上游，以勘探开发作业为载体，也是一种基于系统效率耦合的复杂科技创新体系，是一个开放、动态与耦合的网络体系，它是在自然系统、社会系统和行业自身系统的复杂系统交融中"物质、能量、信息、价值、时空"的组织和自组织状态下的运动。立足系统论视域，天然气勘探开发科技创新系统应当涵盖天然气勘探开发科技研发子系统、天然气勘探开发科技成果转化应用子系统以及管理协调机制子系统，如图1-8所示。

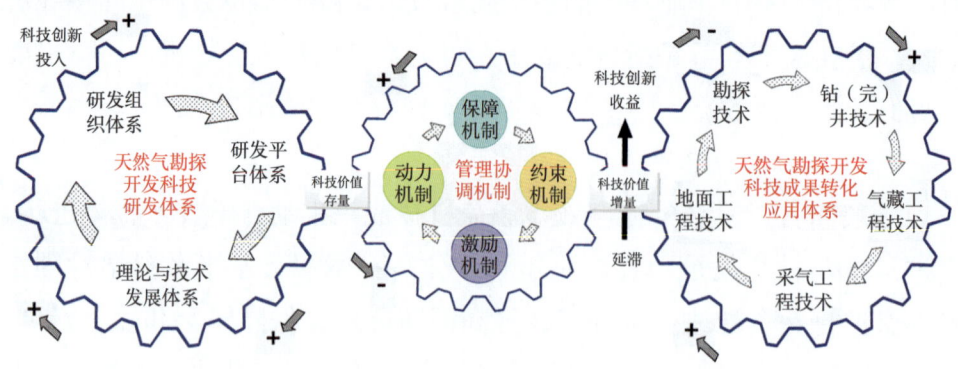

图 1-8 天然气勘探开发科技创新系统结构

天然气勘探开发科技研发子系统是科技创新体系的基础,以中国石油西南油气田"五院一所"为核心的科研单位,是西南油气田天然气勘探开发理论与技术研发创新的主阵地,在市场牵引和生产需求下,研发和引进适合西南油气田生产经营需求的科研成果,是创造科技价值、实现科技价值存量的过程。天然气勘探开发科技成果转化应用子系统是科技创新体系的另一重要组成部分,是将科技研发的成果商品化过程,也是实现科技创新成果增量价值重要环节。

在科技研发系统与科技成果转化应用系统的运行过程中,二者并不是同步关系,科技研发成果的转化应用并不是一蹴而就一日之功,受到系统延滞性、非线性、复杂性等诸多制约,有赖于管理协调机制作用的发挥,才能保证研发与应用系统的有效运行与整体演进。因此,管理协调系统起着居中调控和组织管理的作用,它包括西南油气田科技管理体制、政策、资金、人才、物资等多方面,是科技成果顺利转化的保障,包括有关领导、部门在科技成果转化过程中具有领导、协调、参与、支持、规范、管理服务等多种职能,它通过运用经济、行政等手段进行引导、调控。

二、天然气勘探开发研发体系建设绩效

研究与开发(Research and Development,R&D),指在科学技术领域,为增加知识总量(包括人类文化和社会知识的总量),以及运用这些知识去创造新的应用进行的系统的创造性的活动,是对基础研究、应用研究、试验发展多重活动的总称,通过组织管理、基础平台、科学理

论与技术发展等层面体现其建设绩效。

（一）研发组织与管理体系建设绩效

天然气勘探开发科技创新研发组织与管理体系的实施是一项系统工程，作为研发机构与人员等资源配置中心，它直接关系到科技战略的成败，也直接关系到天然气产业整体竞争力的提高。作为科技创新体系的组织管理系统，其建设必以超前思维、开阔视野和战略眼光，管好科技创新的方向和发展目标，建设绩效主要考虑两个层面：

一方面，完善科研院所职能定位。立足业务发展支撑，构建"层次清晰、布局合理、分工明确、精干高效"的科研组织体系，提高技术研发水平和决策支持能力。直属科研院所建设的主要绩效目标是充分发挥在西南油气田科技创新中的主导作用，开展支撑、引领西南油气田主营业务发展的基础、超前、重大和共性关键技术研究。主要生产单位下属研究所主要负责技术的推广应用及新技术的现场实验等工作，为产能建设和现场维护等提供服务和支持，全面支撑西南油气田主营业务发展。

另一方面，强化科技创新驱动运行。天然气勘探开发涉及的各级领导要牢固树立科技第一生产力的观点，坚持以效益为中心，要从战略高度充分认识勘探开发科技工作的重要性和紧迫性，健全科技创新机制，促进科技创新体系建设。促使企业真正成为勘探开发技术创新的主体，积极探索新体制下天然气产业科技与信息工作的运行机制，建立和完善配套的相关政策与措施。按照天然气勘探开发科技创新发展要求，进一步建立完善的人才考核评价机制。坚持突出重点、科技创新与科技增效的原则，进一步加大对勘探开发科技的投入。进一步完善科技项目的决策机制，把握投资方向和力度。充分运用专家机制，从生产组织管理部门和天然气勘探开发、生产与企业管理需要出发，搞好科研项目立项的技术经济论证。

（二）科技平台体系建设绩效

科技创新平台可定义为由政府或某一组织牵头，通过政策支撑、投入引导，汇集具有科技关联性的多主体创新要素，形成一定规模的投资额度与条件设施，便于开展关系到科技重大突破、长远发展、国家经济稳定需要的创新活动，以支撑行业和区域自主创新与科技进步的集成系统。科技创新平台是基于创新主体协同合作的网络信息资源价值创造平台，不仅创新主体受益，社会也收益。现有的分析技术可以凝练出新知识，组织内部交流、共享、学习知识和技术。天然气勘探开发科技创新平台建设绩效主要体现在实验室平台建设和博士后工作站建设两个层面上。

（三）理论与技术发展体系建设绩效

天然气勘探开发科学理论与技术发展体系要在天然气科学整体视域下进行研究与创新，要借鉴和吸收国内外天然气科学技术成果、符合现代绿色天然气产业科学发展要求，形成门类基本齐全、层次基本均衡的天然气勘探开发科学基础体系和复合体系，用以指导或说明天然气勘探开发科学技术变革实践和发展趋势。基于能源科学基本分类的天然气产业科学体系基本结构包含天然气基础理论体系、天然气工程技术体系、天然气经济科学体系、天然气管理科学体系；基于天然气产业链的科学技术基本结构，根据天然气产业链基本结构，可以分为天然气勘探（如地质勘探、地球物理勘探、钻井勘探、化探等）、天然气开发（如气藏开发、地面集输、净化等）、天然气储运（管道输送、储气库、管道防腐、计量、管道检测等）、天然气营销（营销网络、信息库、客户管理等）、天然气利用（化工、化肥、城市燃气、CNG等）5个领域的科学技术结构；基于天然气产业发展要素创新的科学技术基本结构，形成相对独立的专业学科，如天然气环境学、天然气政治学、天然气财税学、天然气预测学、天然气战略学、天然气政策学等。

三、天然气勘探开发科技成果转化应用效益

（一）天然气勘探开发科技成果类型

1. 国家和中国石油天然气集团有限公司关于科技成果类型的相关划分

1）国家关于科技类型的六类划分

国家科技部《科学技术评价办法》按照研究内容和解决问题的不同，将我国科学技术研究项目分为六大类，见表1-7。

表 1-7 科技部对科学技术研究类型的划分

项目类型	研究导向	研究重点	绩效表征
战略性基础研究项目	解决经济、社会、国家安全以及科学自身发展中的重大基础科学问题	科学前沿原始性和集成性创新、对国家重大需求潜在贡献、人才培养	创新性、科学价值、经济和社会效益
自由探索性基础研究项目	保障科学研究自由，鼓励科学探索和原始性创新	对科学价值和人才的培养	成果产出质量、对原始性创新的贡献及潜在价值、学术水平及科学严谨性
应用研究项目	紧密结合经济建设和社会发展的需求，以技术推动和市场牵引为导向	技术理论、关键技术和核心高技术创新与集成、自主知识产权	技术创新与集成水平、关键技术的突破与掌握、自主知识产权的产出、技术标准研制、经济和社会效益、学术论文质量
科学技术产业化研究项目	建立企业为主体科学技术成果转化与产业化机制、发展高新技术产业、优化调整产业结构	培育具有自主创新能力的高新技术企业	以市场评价为主，采用定性评价法和经济计量法从经济效益和社会效益等方面评价
社会公益性研究项目	解决国家战略性公益事业发展共性科技，增强科技为重大社会公益问题提供支撑和服务能力，为社会经济协调发展和人民生活水平提高提供技术保障	技术支撑及服务体系的先进有效性、共享与服务的能力和水平、潜在的社会效益	技术支撑与服务的能力和水平、共享度、社会效益及服务效果
科学技术条件建设与支撑服务项目	为科学技术、经济、社会发展和国家安全等提供科学技术条件支撑和公共服务	对国民经济、社会和科学技术可持续发展的贡献	条件建设类：注重科学技术基础条件和资源的准确性、完整性、共享性、应用率、技术的先进有效性、运行与维护的高效性、提供服务的能力等；支撑服务类：注重基础条件和资源信息完整性、开放度、集成度与共享度、服务的先进性、有效性、规范性、满意度

2）中国石油天然气集团有限公司有限关于科技项目的划分

基于管理的项目划分：以科技项目的管理类型为依据，中国石油天然气集团有限公司科学研究与技术开发项目管理办法（中国石油科〔2009〕236号）第六条：科技项目分为国家级科技项目和中国石油天然气集团有限公司重大科技专项、超前储备技术项目、重大技术攻关项目（含新产品开发、决策支持研究）、重大现场试验项目、研发设计制造一体化项目、集成配套技术推广项目等七大类。

基于目的的项目划分：以科技项目的研究目的为依据，将科学研究与技术开发项目分为应用型、应用基础型、规划决策支持型三大类，其间内涵与差异见表1-8。

表1-8 科技研究项目类型及内涵

研究类型	价值	特点	用户	来源
应用型	结局生产实际问题、科研成果可迅速应用于生产和管理	主要项目来源有明确的生产需求、可迅速应用、周期较短	油田、炼化企业等生产单位	地区公司、专业公司、总部
应用基础型（包括超前、共性的项目）	以中长期应用为目标，以科学认识和探索研究为起始阶段，逐步实现应用	长期目标明确为中长期应用、经多个阶段研究才能实现成果应用、总周期较长	生产单位或国家有关部门、阶段成果由下阶段项目组使用或参考	地区公司、专业公司、总部、国家有关部门
规划、决策支持型	收集相关情报信息、做出规划、支持领导决策	目标表现为信息知识和非技术指标、成果可立即应用、周期短	规划、决策部门	地区公司、专业公司、总部

2. 基于研发和应用项目视域的天然气勘探开发科技成果类型

与一般的民生科技和其他科技不同，天然气勘探开发科技更强调实用性和可操作性，因此，无论是研发型还是应用型，都是以服务天然气勘探开发生产运营、解决天然气勘探开发过程中面临的实际问题为前提，进行的相关基础理论研究与创新和技术攻关，二者具有内在统一关系，是相互联系的整体，不能简单割裂开来。立足研发型和应用型两大类科技类型，梳理西南油气田公司的天然气勘探开发科技，形成基于研发型与应用型的天然气勘探开发科技类型结构如图1-9所示。

3. 基于有形化技术的天然气勘探开发科技成果结构

四川油气田历经50余年的实践与探索，在天然气勘探开发等主要领域的研究和关键技术的攻关上取得了重大突破，逐步形成一系列针对四川盆地复杂地质与构造特征、多种油气藏类型和不同流体性质特点的科学研究方法与技术体系，部分达到国内或国际先进水平，个别处于国内、国际领先，为将西南油气田建设成为一流天然气工业基地提供了强有力科技支撑和保障，为开展天然气勘探开发技术有形化集成工作奠定了坚实基础。

天然气勘探开发技术科学集成与有形化的首次实现，是在中国石油科技管理部领导下完成的。以四川盆地为重点，面向中国石油，从技术系列的离散到集中、从隐形到有形、从关联度低到高、从复杂到优化，首次科学系统总结集成天然气勘探开发特色技术系列，对于促进天然气勘探开发领域科技创新体系建设、推动天然气勘探开发技术进步与创新具有重要意义。按照天然气勘探开发作业流程共分为五大技术子体系，在分别梳理技术子体系中包含的技术系列以及主要单项技术，形成的天然气勘探开发技术有形化成果体系结构如图1-10所示。

（1）天然气勘探技术中，地质综合评价技术系列应用于海相克拉通盆地与古隆起、拉张裂陷相关的中、深层碳酸盐岩孔隙型、岩溶型储层的勘探；地球物理技术系列用于气藏勘探开发技术支撑，推动气田的发现和探明。

（2）天然气钻完井工程技术是要形成高温高压大产量酸性气井完井技术、高含硫气井

井筒完整性评价技术、水力喷射径向钻孔技术以及固井水泥浆性能评价与水泥石抗腐蚀评价技术等特色技术，为高含硫气藏完井投产以及后期安全生产、老气田稳产和提高气藏采收率提供有效技术支撑。

（3）天然气开发地质及气藏工程技术为重点上产区块开发目标优选和快速高效建产、气藏剩余储量评价提供支撑，为老气田延缓递减夯实了基础；增产改造工艺技术系列主要为了有效支撑四川盆地油气藏效益开发。

（4）天然气采气工艺技术系列为老气田稳产和提高气藏采收率、增产改造措施后评估与含硫气井开发提供有效技术支撑。

（5）天然气地面集输安全优化简化技术系列、天然气分析测试与流量检测技术系列、安全环保与节能减排技术系列、气田开发安全环保风险防控及生态保护技术系列、天然气净化及硫黄回收技术系列等都是为气田快速开发、安全平稳生产提供支撑。

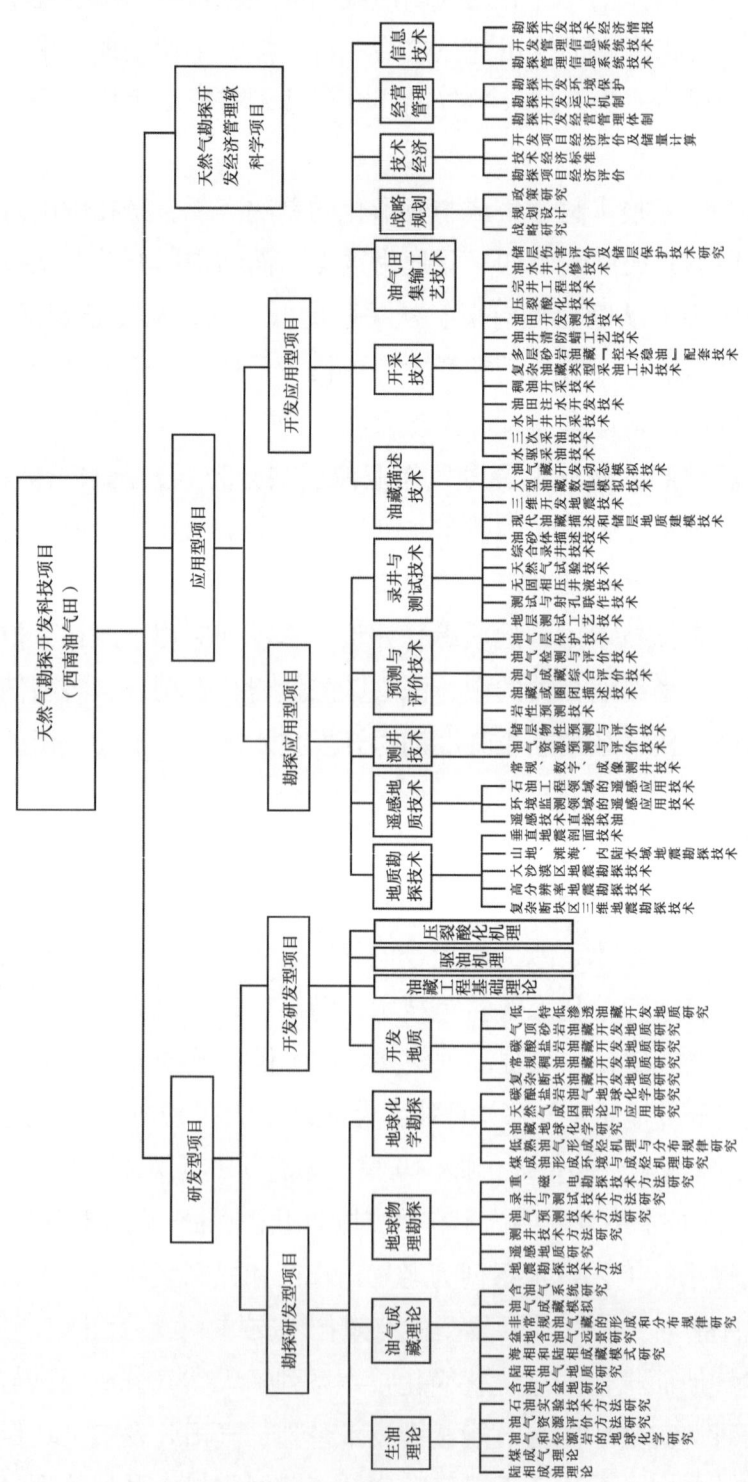

图 1-9 基于研发型与应用型的天然气勘探开发科技类型结构

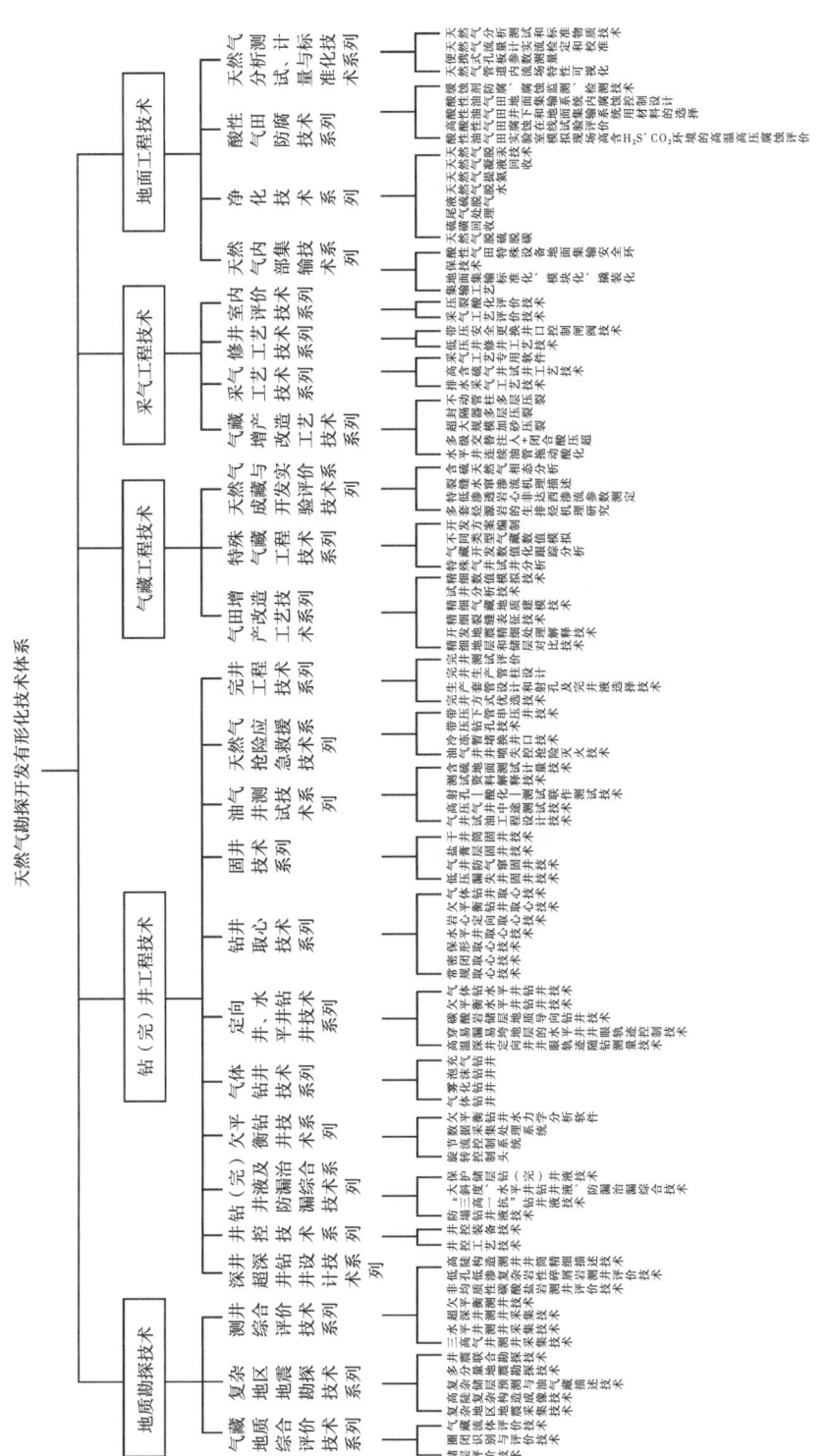

图1-10 天然气勘探开发有形化技术树

（二）天然气勘探开发科技成果转化应用效益表征

如前文所述，科技成果转化的概念可分为广义和狭义两种。广义的科技成果转化是指将科技成果从创造地转移到使用地，使使用地劳动者的素质、技能或知识得到增加，劳动工具得到改善，劳动效率得到提高，经济得到发展。狭义的科技成果转化实际上仅指技术成果的转化，即将具有创新性的技术成果从科研单位转移到生产部门，使新产品增加，工艺改进，效益提高，最终经济得到进步。本文所用天然气勘探开发科技成果转化应用，立足狭义科技成果转化概念，是指成果研发并经过了中试等过程，已经在天然气勘探开发过程中大规模广泛应用并取得经济效益的过程。科技成果转化率就是指技术成果的应用数与技术成果总数的比。

天然气勘探开发科技成果转化应用效益主要表现在天然气勘探开发科技产品的市场价值，对于天然气行业增储上产、延缓递减、提高采收率的贡献和价值，以及科技应用为企业和社会带来的经济效益，其中社会经济效益包含社会贡献、环境贡献、就业贡献等。例如，通过相关勘探配套技术研究，解决勘探开发相关技术难题；通过开展优质快速钻井配套技术研究，实现钻井提速增效；通过进行提高单井产能开发配套技术研究，实现单井稳产增产；通过完善已开发气田开发中后期提高采收率配套技术，提高采收率并降低综合递减率；通过完善标准化设计，缩短工期，降低投资。

第二章 天然气勘探开发科技绩效评估方法比选与设计

第一节 油气科技绩效评估的主流方法解析与改进思考

一、石油科技成果直接经济效益计算方法

传统科技评估多由单个科技项目经济价值计算,加总后得出企业年度科技项目总贡献值,这是一种符合逻辑、正向思维结果,却难以避免"科技成果价值普遍高估""研发、管理、决策重复计算,争功邀奖"等现象。采用逆向思维,中国石油天然气集团有限公司科技发展部、石油经济和信息研究中心联合研究的"石油科技成果直接经济效益计算方法"(2002)采用剥离法,提出了一套适用于石油科技成果直接经济效益计算的方法体系,如图2-1所示。

(一)方法概述

1. 年度经济收益总值的分解

企业年度经济收益总值由三部分组成:企业年度账面收益值、企业年度递减收益值、资源与储量价值的非经济价格因素年度增量。

首先计算广义科技进步贡献率、资金要素贡献率、劳动力要素贡献率,有了这三率和上年度石油企业总产值后,就可以在 t 年计算出上年科技进步、资金、劳动力的贡献额。在回归计算中,总资金=固定资金+

流动资金－负债，劳动力则采用年度职工平均人数。显然，因为总资金是现价的，总产值亦应为现价产值，从而，使得"劳动力"被视作提供简单劳动的对象，劳动数量的多寡决定了能提供的劳动总量的大小。

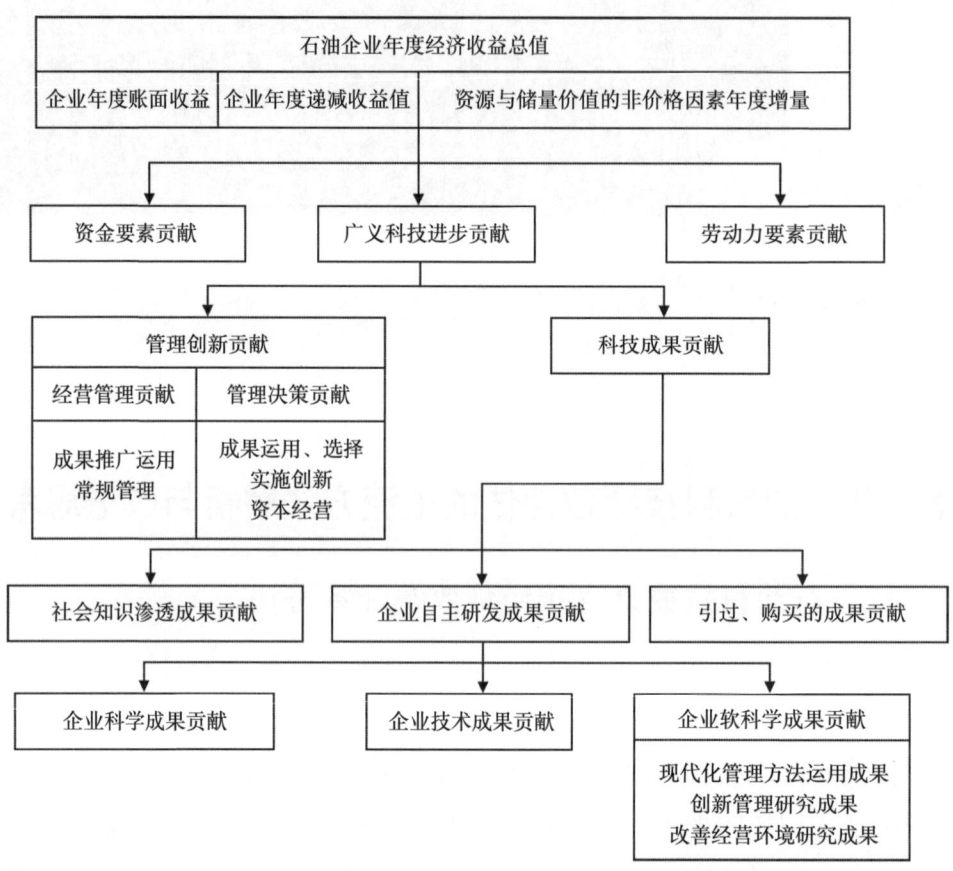

图 2-1　石油企业年度经济贡献总值分解示意图

2. 广义科技进步贡献额的分解

第二层次的分解建立在企业广义科技进步贡献额是由决策者、管理者、科研工作者共同创造这一认识的基础上。因为管理也是生产力，是联系各种生产要素的纽带，管理同劳动者、劳动工具、劳动对象、科学技术一样是生产力要素。因此，第二层次分解中，管理创新贡献额是很大的。如何确定管理创新贡献在广义科技进步中贡献中的比例，由于还没有可以借鉴的资料，按国外石油公司中管理人员超出一般操作人员的薪酬来计算。

3. 科技成果贡献额的分解

主要是社会知识渗透成果贡献的分解。计算思路是以全国工业企业技术进步对工业经济增长的贡献中通用知识成果贡献的比例代替石油企业社会知识渗透成果的贡献。

4. 企业自主研发成果贡献额的分解

第四层次的分解较为简单，原则上可按历史统计资料计算。其中软科学成果的经济收益可根据计算年度的实际情况予以适当放大。

5. 石油企业科技成果收益计算

提出计算石油科学技术成果收益的基本方法有三种，即收益法、市场法和回归法。根据三种不同的方法，相应地可将石油科学技术成果分成直接计算收益类、市场交易类、暂无法直接计算收益类三类，主要采用收益法或收益现值法。

由于中国石油科技成果绝大部分都不能体现在直接创造出直接经济效益，但确实对项目实现的总经济效益作出贡献，表现为间接经济效益。所以，以价值工程原理为理论依据，以功能（效用）/成本指标设计为基础，以效益分摊法和成本分摊法思路，计算科技成果对经济效益的贡献份额。

（1）科技成果经济含量。

$$科技成果经济含量 = 科技成果的效用分值 \times 应用强度 \quad (2\text{-}1)$$

$$科技成果的效用分值 = 科技成果总功能分值 \times 专业规定的功能重要程度系数 \times 风险指数 \quad (2\text{-}2)$$

科技成果总功能分值为各个功能具有的分值之和。

专业规定的功能重要程度系数：通过分析专业体系各个环节的相对重要性，按照专家打分的方式确定，以小数计。

$$风险指数 = 1 - 风险系数 \quad (2\text{-}3)$$

$$应用强度 = 成功率 \times 科技成果功能的实际应用率 \\ (应用范围强度 + 应用期限强度) \quad (2\text{-}4)$$

$$成功率 = 成功应用的功能分值 \div 科技成果总功能分值 \quad (2\text{-}5)$$

$$科技成果功能的实际应用率 = 实际应用的科技成果功能分值 \div 科技成果总功能分值 \quad (2\text{-}6)$$

应用范围强度 = 规定应用范围重要程度系数 × 科技成果实际应用
范围分值 ÷ 预计科技成果应用范围分值　　（2-7）

应用期限强度 = 规定应用年限重要程度系数 × 实际应用年限分值 ÷
预计科技成果应用年限分值　　（2-8）

相应地，科技成果间接经济效益评估指标的确定主要以科技成果经济含量所涉及的相关主体指标。

（2）科技成果经济含量的作用：总科技经济含量和单项科技成果经济份额大小确定。

单项科技成果经济份额 = 单项科技成果经济含量 × 总科技经济含量 ÷
科技项目净总经济效益贡献量　　（2-9）

其中：总科技经济含量为项目中所有单项科技成果的之和。

（二）方法主要贡献与优点吸取

1. 运用剥离法进行逐层分解的思路

石油科技成果直接经济效益计算方法采用与传统评估方法相比的逆向思维，基于剥离法思想，从企业实际经济收益总额出发进行分解，按照年度经济收益总值—广义科技进步贡献额—科技成果贡献额—企业自主研发成果贡献额—石油企业科技成果收益的顺序进行逐层计算，辅之以专家评估后对各类科技成果的收益值大小排序，以及对中国石油企业各类成果产值的回归拟合，为似乎不可能计算出量化值的基础研究成果、软科学研究成果展现了经济价值计算的光明前景，既是对多年来石油科技管理传统优势的继承，也是对其不足的革命性创新。

2. 提出科技成果功能（效用）概念

石油科技成果直接经济效益计算方法认为，由于中国石油科技成果绝大部分都不能体现在直接创造出直接经济效益，但确实对项目实现的总经济效益作出了贡献，表现为间接经济效益，所以，以价值工程原理为理论依据，以功能（效用）/成本指标设计为基础，以效益分摊法和成本分摊法思路，计算科技成果对经济效益的贡献份额。因此，引入科技成果功能分值的概念，凸显出专业规定的技术功能重要程度系数，以表征科技成果经济含量。

由于不同的技术具有不同的功能，才会产生不同的价值，创造或带来不同的效益，那么，以技术功能为重要指标参与科技成果经济含量的衡量，是对不同技术对效益贡献度计算的科学路径，具有重要的现实意义，值得认真吸收与借鉴。

（三）对石油科技成果直接经济效益计算方法合理改进的思考

在逐层剥离与细分的基础上，对石油科技成果进行了分类收益计算，对增加油气储量类、增加油气产量类、产品与服务类、节约成本类等大类的成果收益计算给出了具体的公式。然而，对于不同技术类型作用产生的贡献度与收益大小，并没有给予相应的方法回答，例如增加油气储量类技术的效益，等于储量价值与勘探成本之和，然而，实际上的天然气储量效益的实现，除了技术应用创造的效益，现场管理的、人工操作服务的以及其他相应相关技术的贡献，并没有给予体现。再如，产品或服务类的技术效益，等于新产品或服务销售收入减去生产销售成本的差额，并没有将技术服务的复杂性、多重要素影响性纳入考评范围，对技术产品或技术服务中倾注的智力劳动的价值也没有给予界定与确认。

二、石油石化行业技术创新成果评价方法

（一）方法概述

根据 2003 年中国石油天然气集团有限公司科技委员会会议及关于"尽快解决科技创新奖评奖成果经济效益计算问题"的要求，中国石油天然气股份有限公司科技信息部于 2003 年 4 月立项开展了"技术创新评价（评奖）方法及操作规程研究"，由该部与中国石油天然气集团有限公司科技评估中心联合组成，中国石油天然气股份有限公司财务资产部、市场营销部、环保安全部及炼油化工板块等单位的有关专家参加了研究。在比较充分调查研究的基础上，基于"石油科技成果直接经济效益计算方法（2002）"等研究成果，提出了研究方法一些新的思路，经过不断的研讨和深化，形成了"石油石化行业技术创新成果评价（评奖）方法及操作规程"（2003）。

1. 成果分类

技术创新成果因专业类型和作用领域的区别，具有不同的表现形

式，必须根据评价（评奖）对象的特点建立有针对性的评价（评奖）方法进行分类评价。经济效益是技术创新成果的最终表现，也是分类的主要依据。石油石化企业进入评价（评奖）系统的包括地质、地震勘探、测井、钻井、油气田开发、地面与管道建设、炼油化工、IT 共 8 个主体专业。首先将可以获得直接经济效益的成果和不能获得直接经济效益的成果区分开来，分为两大类；根据经济效益的表现形式，又可分为 8 种类型。通过对技术成果分类，形成了对 I 类成果、II 类成果经济效益不同的评估方法体系。总体分类及计算流程如图 2-2 至图 2-4 所示。

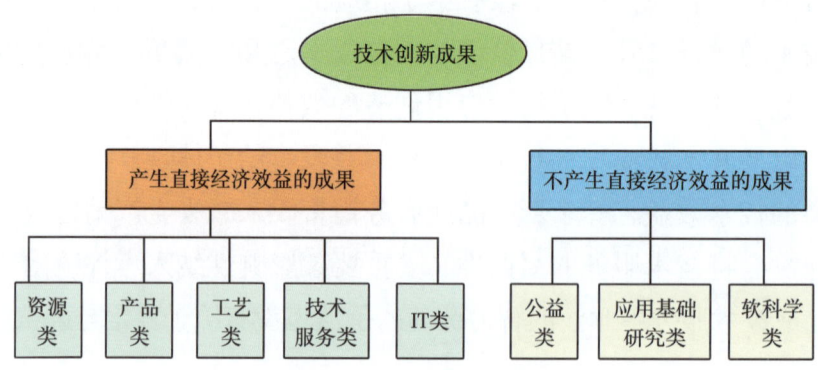

图 2-2　技术创新成果大类

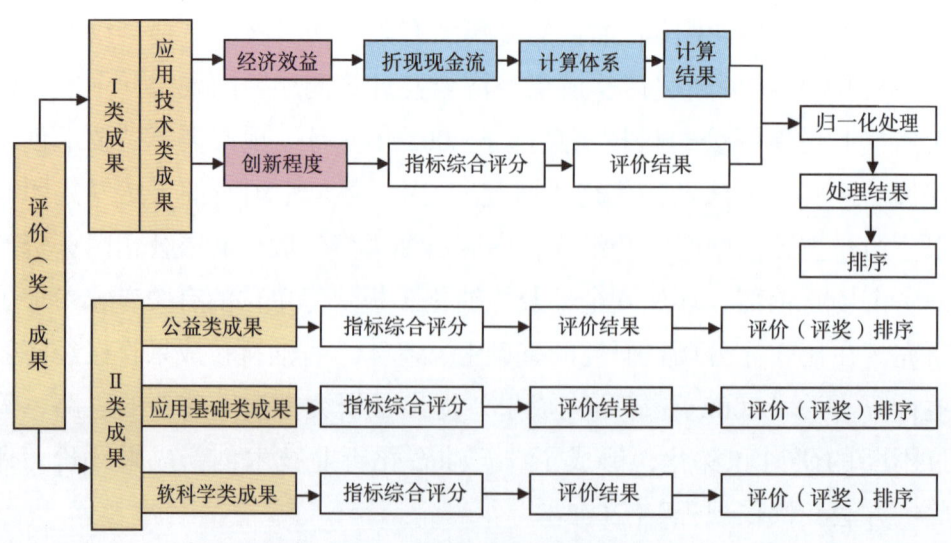

图 2-3　技术创新成果分类评价

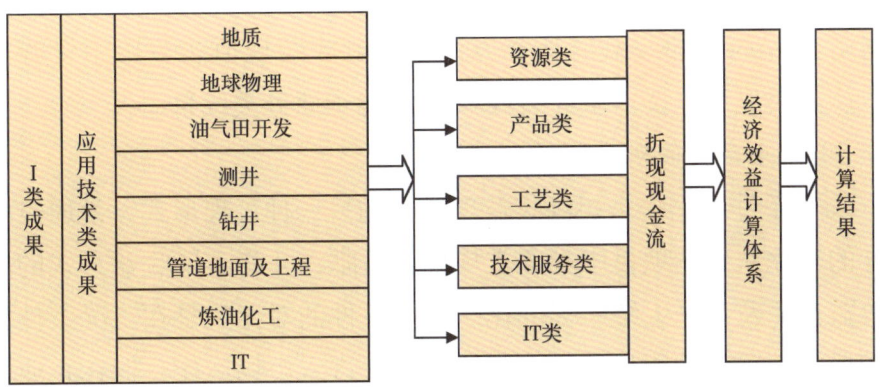

图 2-4　Ⅰ类成果分类

2．Ⅰ类成果经济效益计算方法

企业生产项目的经济效益包含了管理、技术、人力、资金等多因素的贡献；不同专业的Ⅰ类成果都可以按照如图 2-5 所示的流程采用三种计算方法经过三次剥离，得到任一单项创新技术的经济效益。

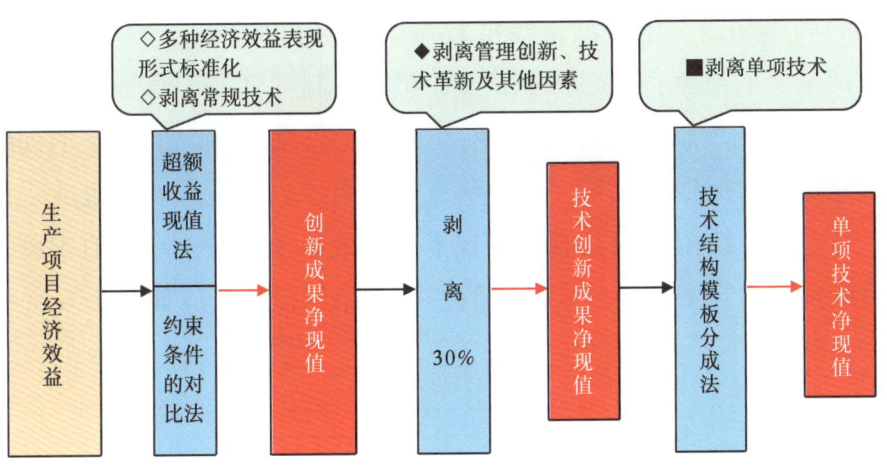

图 2-5　三位一体的Ⅰ类成果经济效益计算体系

1）超额收益现值法

超额收益现值法是评估技术型资产为技术持有方带来追加收益或垄断收益的基本方法。本书引用技术型资产评估方法，从生产项目中剥离常规技术贡献，并将不同收益方式的技术创新成果在效益计算及口径上统一标准化。

超额收益现值法是通过技术创新成果应用增加产出量、销售量、服务量等途径而增加收益的计算方法，超额收益现值法适用于资源类成果、产品类成果、技术服务类成果、IT 电子商务类成果。

2）约束条件的对比法

约束条件对比法是超额收益现值法的另一种表现形式，是通过约束条件的对比从生产项目中剥离常规技术贡献，并将不同收益方式的成果在效益计算及口径上统一标准化。约束条件的对比法是在工况条件相同或相近的情况下与原技术比较，新技术未进入市场运作，但在企业内部降低生产要素直接投入量而节约成本的计算方法，如降低操作成本、减少材料消耗、节约工时、降低能耗、减少作业费用、减少事故率、提高成功率等反映在生产成本节约额而增加收益的应用成果。因此，约束条件对比法适用于工艺类成果计算。

3）技术结构模板分成法

技术结构模板分成法是解决多因素形成技术创新成果经济效益的单因素的剥离问题。生产项目经济效益第一次剥离 $C+D$，$C+D$ 代表常规技术及资金的贡献；第二次剥离 B，B 代表制度创新、管理创新和技术革新及其他的贡献；A 作为技术创新成果（总量）净现值，技术创新成果（总量）包括报奖成果、未报奖成果、自主创新成果、引进成果的总和，通过技术结构模板分成法从技术创新成果（总量）净现值中剥离单项（或多项）技术创新成果净现值。技术结构模板分成如图 2-6 所示。

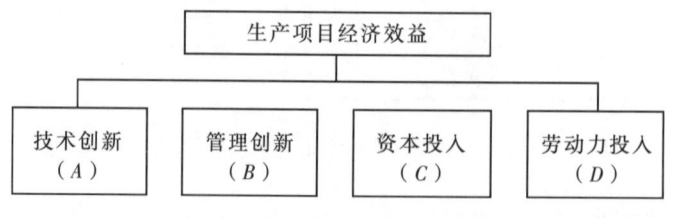

图 2-6　技术结构模板分成

技术结构模块由形成石油石化企业生产力的主体技术构成：石油石化行业的总体技术由各专业技术群（技术）构成，而各专业技术群（技术）又由次一级技术群（技术）构成，由此根据不同专业可细分为 N 级，细分的原则是每一个模块都能直接产生经济效益，如图 2-7 所示。

技术结构板块中不同级别（层次）技术群（技术）的经济效益是相等的（只是将内容逐层分解把大技术群更加细化，其经济效益内容是相同的），即：$A=B=C=D=$"第 N 层的经济效益"。在各类技术都有创新的情况下，下一级单项技术的效益小于上一级配套技术的效益之和。在特定条件下，如仅有较低层次单一模块为创新技术，尽管该模块代表的是中技术或小技术，其效益可以等于总效益。

均分法计算各模块分成系数（K 值）：设 A 为技术创新总效益，B 在某专业技术模板被分为 B_1，B_2 和 B_3 三块，各块的效益皆为 A 的 1/3。技术结构模板是为全部主体技术提供一个计算平台，当全部主体技术皆为被统计时段的创新技术时，K 值可以作为各板块在总体效益中的分成值。实际上某一个时间段不大可能 100% 的技术都有创新。A 值仅反映该时段有创新成果的价值总和。如图例中 $A=B_1+C_6+D_{15}$ 反映了不同专业大技术同小技术配套形成新的生产力，这是十分常见的，此时需要重新折算，其方法是：设 $B_1+C_6+D_{15}$ 的 K 值之和为 100%。

采用上述三种计算方法将生产项目经济效益经三次剥离后，可得到任一级别的单项技术群或单项技术的净现值（经济效益），并完成经济效益的计算过程。

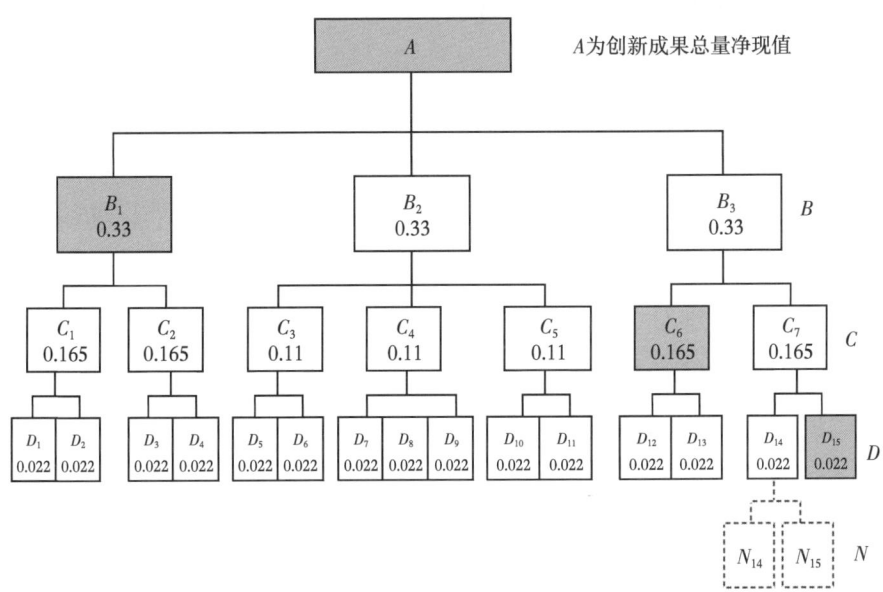

图 2-7 专业技术结构模板的构成示意图

3. Ⅱ类成果评价方法

Ⅱ类成果评价体系由经济效益计算、创新程度评价、归一化处理等三部分组成。其中，对于技术创新程度评价，主要通过建立评价指标体系、采用专家评分法确定评价结果。

(二) 方法主要贡献与优点吸取

该方法的要点是从技术创新的概念模型入手，进行成果分类，建立评价系统；针对不同类型创新成果建立对应的评价方法；针对能产生直接经济效益的创新成果设立了三位一体的经济效益计算体系。三位一体的经济效益计算体系是评价（评奖）方法的核心，其要点是根据技术创新成果经济效益产生时间、表现形式不同（储量、产量、合同额、节约额等）、表达方式不同（产值、税前利润、利税总额、净利润、净现值等），将财务会计、资产评估和经济评价等方法相结合、定量与定性相结合，形成口径统一的超额收益现值法、符合约束条件的对比法和以层次分析为数理基础的技术结构模板分成法等三位一体的标准计算体系，以系统解决石油石化企业各类创新成果经济效益的计算问题，特别是解决行业中占主流地位的以储量、产量为目标的技术创新成果和多因素、配套技术形成创新成果的单因素（单项成果）定量计算的难题。特别是以下两点，尤其值得吸取与借鉴：

1. 技术成果分类

该方法提出：技术创新成果因专业类型和作用领域的区别，具有不同的表现形式，必须根据评价（评奖）对象的特点建立有针对性的评价（评奖）方法进行分类评价，并按照石油石化企业主体专业进行了产生直接经济效益的成果与不产生直接经济效益成果分类，以及对两类成果类型的各自再次细分，为针对不同类型技术进行经济效益计算采用不同方法提供了重要基础。

成果分类是效益评价的基础，因此，天然气勘探开发科技绩效评估方法的研究，也应当以对天然气勘探开发科技成果相关类型细分为前提。

2. 对成果经济效益的三次剥离

该方法提出：企业生产项目经济效益包含管理、技术、人力、资金等多因素的贡献；不同专业的Ⅰ类成果都可以按照流程采用三种计算方法经过三次剥离，得到任一单项创新技术的经济效益。简言之：第一次剥离出常规技术与创新技术的效益占比，第二次剥离出技术创新成果中技术要素的占比，第三次剥离出单一模块创新技术的效益占比。

剥离法的核心在于对庞大的技术体系综合形成的创新成果效益进行逐层的细分，通过层级式的剥落与要素分离，最终将成果经济效益落脚到具体技术上，是天然气科技绩效评估在现有众多投入产出模型分析框架下应当借鉴的重要思路。

（三）对该方法合理改进的思考

"石油石化行业技术创新成果评价（评奖）方法及操作规程"主要是为了解决石油石化企业各类创新成果参与评奖时所需的相关技术创新成果经济效益支撑问题专门研究的油气技术创新成果经济效益评估方法，要义就是从复杂的技术成果效益中剥离出技术创新成果的贡献，并最终落脚于具体的单一创新技术产生的效益上。对于天然气勘探开发科技绩效评估而言，研究的是整体的天然气勘探开发科技绩效，包含了创新技术、常规技术等所有技术，在不同的应用目标与应用范围下，天然气勘探开发科技绩效评估在吸取和借鉴该方法的基础上，也应当对其中与天然气勘探开发科技绩效这个具体评估对象不太适应的地方做一些合理的改进思考。

1. 针对Ⅰ类成果计算方法的改进点思考

第一次剥离中，应用超额收益现值法和约束条件的对比法，将不同时间、不同经济效益的表现采用统一折现现金流净现值的计算口径计算，剥离常规技术得到创新技术成果净现值。此处，常规技术与创新技术的合理界定与完整区分是需要解决第一个问题，在现实生产应用中，天然气勘探开发常常处于大量技术集成应用状态，常规技术与创新技术通常处于滚动式应用、共生协同、相辅相成的状态，如何能够准确完整地界定出常规技术与创新技术？如果不能清晰地给予界定，应当考虑做适当改进。

第二次剥离中，按照国内外宏观经济效益的通常比例，认为创新成果与管理及其他因素对经济效益的贡献为7:3。作为一种标准，将创新成果净现值剥离 30% 作为制度创新、管理创新、技术革新以及其他因素的贡献。此处，技术与管理要素剥离 7:3 的一刀切剥离方式，略显武断。

第三次剥离中，以各专业的技术结构模板为计算标准，将任一专业任一级别的技术群或单项技术剥离出来，得到任一级别的技术群或单项技术的经济效益。按照前文所述的方法，得到各层级计算的系数，如图 2-8 所示。

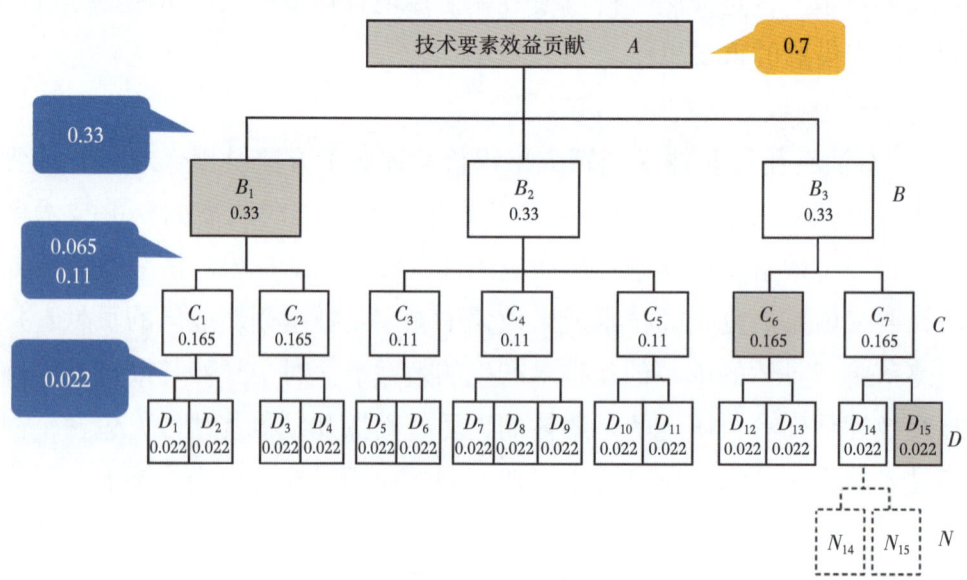

图 2-8　技术创新成果层级分成系数

那么，是不是可以认为，每一项单一技术的最终贡献系数为：$0.7 \times 0.33 \times 0.165 \times 0.022 = 0.00083853$ 或 $0.7 \times 0.33 \times 0.11 \times 0.022 = 0.00055902$，那么，还有没有必要对每一项技术的贡献进行再次计算？是不是 0.83‰或者 0.55‰的概念已经可以直接作为任何单一技术的效益分成系数？若是能够，又怎么凸显和体现每一种单一技术的不同功能、不同价值与不同贡献的迥异之处？同时，对每一层级的技术进行全部平均计算 K 值的方法，如 $C_1 = 1/2 \cdot B_1$，$C_3 = 1/3 \cdot B_2$。由此可推断每一个 D 级技术模块的效益分成系数，又是否合理？若是合理，又如何体现各层级技术模块的价值大小与效益贡献度的差异？

2. 针对Ⅱ类成果计算方法的改进点思考

针对Ⅱ类成果的评价方法主要就是建立评价指标体系，采用专家评分法确定评价结果。评价步骤共分三步计算：第一步计算创新成果净现值，第二步计算技术创新成果净现值，第三步计算单项（或多项）技术创新成果净现值；各步计算方法均参见计算体系。那么，完全地依赖专家进行专家打分计算，对依评价结果可操作性和可信度的影响程度到底有多大？若是能够相对定量化处理，或者至少采用定性加定量相结合的方式，是不是能够取得更为可信的评价结果呢？

3. 小结

综上，该方法中对于Ⅰ类成果技术贡献的分成都是均一化，对于Ⅱ类成果完全依赖专家打分则过于主观化，无论是均一化还是主观化，两类成果评价方法中涉及的参数提取没有充分体现技术特征，没有体现不同技术序列、不同技术类型的功能价值与地位作用，是首要值得思考改进之处。同时，在技术经济评价的视域下，对技术效益的计算应当遵从投入与产出的基本思路，考虑技术经济评价中以投入作为所有指标设置的基础这一典型特征，那么，对于该方法中对于技术投入的财务反映、以及不同技术特征向量的表征问题，是另一大值得思考的重要问题。

三、重大科技专项经济效益评价方法（勘探开发类）

（一）方法概述

由中国石油天然气集团有限公司科技评估中心编制的《重大科技专项经济效益评价实施细则（勘探开发类 2015 年版）》，主要采用增量效益法对中国石油天然气集团有限公司重大科技专项产生的经济效益进行评估，形成了一套相对完整的新增油气储量增量效益评估方法和新增油气产量经济效益评估方法。

1. 新增油气储量经济效益评价方法

新增油气储量经济效益评价，采用国际通用的折现现金流法储量价值评估方法，即是投入产出法。其基本表达式：

$$增量效益 = 增量产出 - 增量投入 \quad (2-10)$$

增量产出（相当于现金流入）：是指重大科技专项新技术应用于生产项目增加的油气储量和未来开发生产历年所获油气产量的销售收入，称为科技生产增量产出；增量投入（相当于现金流出）：是指重大科技专项新技术应用于生产项目增加油气储量和未来开发生产所花费的投资、成本（包括专项科技投入）以及分摊税费，称为科技生产增量投入；增量效益：是指增量产出与增量投入之差（相当于净现金流），扣除所得税再折现后的净现值，称为科技生产增量效益，只是科技生产的超额收益。

经济效益计算的基本单元是储量区块，分别计算各个储量区块的增量效益与投入。采用储量区块储量报告经济评价结果计算求得。经济效益评价单元是重大专项，汇总所有储量区块的增量效益与投入计算结果，求得专项增加油气储量的科技生产增量效益与投入，以及增量投入超额收益率。（注：专项开题时，基本单元无法确定未来的储量区块，采用勘探领域以替换计算公式和附表中的储量区块）。

2. 增加油气产量经济效益评价方法

增加油气产量经济效益指因专项新技术应用而构成的新生产系统与原生产系统比较产生的新增油气产量的增量效益。

计算方法为投入产出法，其基本表达式：

$$增量效益 = 增量产出 - 增量投入 \quad (2-11)$$

增量产出：是指重大科技专项新技术应用于生产项目新增油气产品的销售收入，称为科技生产增量产出；增量投入：是指重大科技专项新技术应用于生产项目新增油气产量所消耗的生产成本费用（含专项科技投入）及分摊的税费（包括城建税、教育附加、资源税、矿产资源补偿费和特别收益金），称为科技生产增量投入；增量效益：是指增量产出与增量投入之差、扣除所得税后的净利润，称为科技生产增量效益。

经济效益计算的基本单元是产量区块，分别计算各个生产区块增量产出与投入。评价单元是专项，汇总所有产量区块增量产出与投入计算结果，求得专项增加油气产量科技生产增量效益与投入，以及增量投入收益率。

（二）方法主要贡献与优点吸取

该方法主要采用增量效益法对中国石油天然气集团有限公司重大专项产生的经济效益进行评估，利用增量效益等于增量产出与增量投入差额的原理，制订了专门针对油气增储和增产的经济效益评价方法。其中，增量产出体现的是技术经济评价中的有效产出，增量投入体现的是技术经济评价中的增量投入，有效产出与有效投入关系的研究，是技术经济评价的焦点视域，在增量产出与增量投入的基础上讨论增量效益问题，确认的是技术成果应用创造的超额利润部分。

该方法结构简单、易于操作，增量思路值得借鉴。

（三）对新增油气储量和增加油气产量经济效益评价方法合理改进的思考

在增量效益的计算过程中，从投入到产出，将增量性收益减去增量性投入的所有效益完全认作是重大专项的科技贡献，存在不客观性与简化性。

首先，对重大科技专项的认识不客观。重大科技专项都是综合性的大项目，涉及的技术体系、管理体系、资金体系、劳动力体系等都是较为宏大的，其产生的效益自然也是多要素协同作用的结果，很有可能与相关成果存在交叉性与叠合性，将所有增量效益作为计算科技增量的数据源，过高夸大技术要素本身的贡献，没有对科技增量效益实施技术分成。其次，增量产出重点考虑了重大科技专项应用期间的增量产出，没有考虑后期产出。再次，增量投入主要考虑重大科技专项应用期间的科技投入，对其他生产要素投入考虑不足。

因此，就增量效益而言，应考虑重大科技专项全生命周期的产出，减去全要素投入。就增量投入而言，必须充分考虑资本、劳动、管理、技术等生产全要素的完全成本投入，才符合油气技术应用客观实际。

四、油气有形化技术商业化价值评估方法

（一）方法概述

由中国石油天然气集团有限公司技术经济研究院牵头，中国石油渤海钻探工程有限公司、中国石油管道局工程有限公司、寰球工程公司、昆仑工程公司、东北炼化工程有限公司、中国石油集团科学技术研究院、中国石油集团科学研究院（西北）、大庆炼化分公司、吉林油田分公司、中国石油大学（北京）联合参加的最新研究成果"中国石油有形化技术商业化价值评估方法"（2018），是在《中国石油有形化技术商业化价值评估操作手册》（2014）研究成果的基础上，进行的天然气勘探开发科技绩效评估方法深化与拓展研究。

研究提出，油气科技的技术价值评估方法以一个计算公式为中心，

包含三种评估方案,即:

$$P = \alpha(P_{max} - P_{min}) + P_{min} \qquad (2\text{-}12)$$

方案一:采用综合法。P_{min} 由成本法确定,P_{max} 由收益法确定,参数 α 由综合指标体系确定。

方案二:采用综合法。P_{min} 由成本法确定,P_{max} 由市场法作参考值,参数 α 由综合指标体系确定。

方案三:采用市场优化法。$P=KP_0$ 其中 P_0 表示同类技术的市场价格,K 表示价格系数,根据技术在市场中的优势等调整确定该技术的最终价格。

在三个方案基础上,主要立足综合法,依据石油产业链八大技术领域划分,立足法律维度、技术维度、市场维度、企业维度这四大维度 22 个指标,建立 8 套权重和评分标准,由专家打分对参数 α 进行综合取值计算。

利用专家打分法给评估体系中设计搭建的定性与定量相结合的指标打分,利用多准则模糊层次分析及赫威兹法确定某个技术的分值作为有形化技术的最终价值,也就是说,在相关专家对 8 套权重及打分标准的基础上,需要对具体专家评分进行三角模糊处理,最终提高 α 的相对准确度。最后,将 α 值代入有形化计算公式,得到有形化技术价值评估结果。

(二)方法主要贡献与优点吸取

首先,综合运用成本法和收益法计算技术价值的思路是值得借鉴的。其次,充分运用多准则模糊层次分析及赫威兹法确定某个技术的分值,按照相应隶属度将专家打分值转化成三角模糊数,进行模糊加权平均,其输出结果就包含有更多的信息,表明了评价结果的各种可能性,相对于直接对专家打分进行简单加权平均的德尔菲法应用方式,三角模糊处理结果相对客观一些。

(三)对该方法合理改进的思考

该方法立足技术的一般特征和通用性质,建立了复杂的综合评价指标体系。但是,指标体系的选取中,更加注重对技术普遍具有特征描述与评价,偏向宏观性和一般性,并没有充分考虑油气技术区别于一般技术的差异性、特殊性和复杂性。

另外，对指标的赋值问题上，虽然采用模糊评价对综合指标体系进行了复杂的过程处理，但是，指标赋值的源头仍以专家德尔菲为主导，无论数据处理过程如何多程序和试图客观，也无法根除参数提取从源头上就存在的主观性痕迹。指标取值的主观性多于客观性，也就难以实现也难以真正实现最大程度地客观量化。

因此，在进行油气技术价值相关评估评价时，应更加注重对油气技术区别于一般技术或其他技术通用性和普适性特征的思考，要找出能够体现油气技术价值特征向量的典型指标，反映出油气技术的本质属性、特殊性与复杂性，才能真正为油气技术价值评价提供科学客观的参考依据。

第二节 天然气勘探开发科技绩效评估方法选择思路

一、继承油气科技效益评估主流方法，有益借鉴与合理改进

立足上一节关于"石油科技成果直接经济效益计算方法（2002）""石油石化行业技术创新成果评价（评奖）方法（2003）""重大科技专项经济效益评价方法（勘探开发类）（2015）""中国石油有形化技术商业化价值评估方法（2018）"等现有的油气科技效益评估主流方法的解析，尤其是在对各个方法进行解析的过程中，关于各方法在不同的评估对象和评估范围内对油气科技评估工作做出的主要贡献与优点吸取。特别是充分继承和吸收"石油科技成果直接经济效益计算方法（2002）""石油石化行业技术创新成果评价（评奖）方法（2003）"两个方法中主要应用的剥离法思想、"重大科技专项经济效益评价方法（勘探开发类）（2015）"中主要应用的增量效益法思想、"中国石油有形化技术商业化价值评估方法（2018）"中主要应用的综合指标分成法思想，是建立天然气勘探开发科技绩效评估方法参照的重要的理论来源与实践依据。

在借鉴经验的基础上，对值得改进的地方做深入的思考与分析，以便形成对主流方法的有益借鉴与合理改进（表2-1）。

二、以科技要素参与企业发展收益分配的客观要求为起点

（一）要素参与分配具有政策依据

党和国家提出完善要素市场化配置以实现要素自由流动和价格灵活反应等目标，为技术作为一种重要的生产要素参与市场交易与劳动分配提供了政策支撑。因此，按照要素分配或分成具有政策依据，也是主流方向。

表 2-1　油气科技经济效益评估主流方法的借鉴与改进

方法名称	优点的继承	不足的认识	改进的思路
油气科技成果效益剥离法	收现值益法，实现不同收益方式的技术创新成果在效益计算及口径上统一标准化	第一次剥离，没有按生产全要素（资金、技术、管理、劳动力等）分成	基于财务视角与技术要素全过程投入，考虑生产全要素（资金、技术、管理、劳动力等）分成
	考虑常规技术与创新技术的剥离的思想	第二次剥离，对技术与管理的7:3，过于武断，依据不充分	从总效益中剥离技术要素效益贡献，应当考虑生产全要素的比重，按照要素贡献进行分成调整
	考虑了石油石化行业技术层级结构特征	第三次剥离，按照技术树逐级分成中均一化，技术功能价值不突出	基于技术树设置分成系数，应当充分考虑技术在不同层级地位、功能、价值与贡献差异性
重大科技专项增量效益法	增量法思路值得借鉴	期末—期初，重大科技成果创效期间所有效益主要归集为重大科技专项贡献，对其他项目其他技术考虑不足	应考虑重大专项全生命周期的产出，减去全要素投入
	密切追踪了财务投入和利润问题，考虑了科技投入行为	主要考虑重大专项应用期间的科技投入，对其他生产要素投入考虑不足	考虑生产全要素成本（科技、管理、资本、劳动力）进行分成
	方法结构简单、易于操作	重点考虑了重大专项应用期间的增量产出，没有考虑后期产出，高估了科技增效产出	按照项目或者技术的不同属性、本质特征、功能价值与效益贡献进行分成
油气有形化技术综合指标分成法	最小价值+增量的基本思路是值得吸取的	技术的基础价值不是基于全成本考虑的	技术完全成本不光要考虑账面成本，还应考虑技术研发相关的前期成本、配套成本等
	充分肯定了技术的价值属性	四维指标是以专业性科技型企业为对象的，对具体的油气勘探开发技术指标特征不明显、指向性弱、适用性不足	建立真正反映油气勘探开发技术本质属性与功能价值的指标体系
	α值利用综合指标法解决	α值借助专家打分，采用的都是宏观性、一般性的技术指标	基于可提取的财务数据和技术成果统计数量化参数，增强评估客观性

党的"十五大"报告第一次正式肯定了按生产要素分配；党的"十六大"报告，确立劳动、资本、技术和管理等生产要素按贡献参与分配的原则，完善按劳分配为主体、多种分配方式并存的分配制度；党的"十七大"提出，要健全劳动、资本、技术和管理等生产要素按贡献参与分配的制度，初次分配和再分配都要处理好效率和公平的关系，再分配更加注重公平；党的"十八大"，提出要完善劳动、资本、技术和管理等要素按贡献参与分配的初次分配机制，加快健全以税收、社会保障和转移支付为主要手段的再分配调节机制；党的"十九大"，坚持按劳分配原则，完善按要素分配的体制机制，促进收入分配更合理、更有序。

（二）基于要素贡献分成具有理论依据

根据一般科技绩效评估范式，科技绩效评估既要充分考虑科技生产过程中科技要素的增量效益，又要注重剥离，分解出劳动力、资本、技术以及管理的具体贡献率。根据博弈理论，每一次的博弈中都必须包括几大要素，分别为参与人、行为、信息、战略、支付和均衡结果。企业和科技机构（高校）合作创新收益分配的过程，其实质就是各个合作主体的博弈过程。在合作创新中，无论是科技机构（高校）还是企业，均为独立的利益主体，但也都是创新合作关系中的利益相关者，因此两者的个体行为均会对最终创新目标的实现产生影响。从博弈的角度考虑，科技机构（高校）、企业任何一方的策略行为选择都会对另一方的利益产生影响，因此创新过程的利益分配问题可以借助博弈论理论实现利益分配决策的均衡结果。

现代企业理论认为企业是生产要素契约的集合，投入的各生产要素（劳动、资本、科技、管理、信息等）相互合作，联合生产，共同为企业创造价值。当前研究认为，在众多生产要素中，以劳动、技术、资本和管理四要素最为重要，四要素相互联系，协作生产，共同为企业创造价值。因此，系统分析评价这四个要素的价值贡献，并最终加总，就可以初步获得科技要素对企业价值创造的贡献。各种投入要素都与企业价值的创造直接相关，其中任何一种要素的变动，都会不同程度地影响价值的创造。在企业生产过程中，若要激发科技人员的主动性、创造性，应该辅之以合理有效的分配制度,让科技要素进入并参与企业收益分配,以刺激和鼓励科技人员创造价值及增量的能动性,持续地提升企业的竞争优势,保障企业持续价值最大化的实现。

因此,科技要素参与企业收益分配有着重要的理论意义和现实意义。生产要素参与分配,是把物质资料生产所实现的利润,依据诸要素劳动、资本、科技和管理在生产过程中所作的贡献,在生产要素所有者之间进行的分配。这种分配方式的最大合理性在于承认参与创造价值的各个生产要素的所有者都有权获得收益分配,并且按照各自的贡献确定分配比例。

三、立足天然气勘探开发科技创新的价值主张进行绩效分成

天然气勘探开发科技作为技术型无形资产,其价值形成过程的创造性和价值转化过程的风险性特征,使得影响天然气勘探开发科技商品价值实现的因素更多也更复杂,导致天然气勘探开发科技绩效评估工作的复杂性和难度更大。立足前文基于天然气科技创新能力构建的天然气勘探开发科技创新系统,探讨如何对子系统创造价值贡献进行绩效分成。

(一)基于科技创新能力,构建科技研发体系绩效分成体系

天然气勘探开发科技机构作为科技人员进行科技研究、试验、发明创造的活动阵地,是支撑科技价值创造、实现价值和推进价值增值的重要平台。现有的关于科技机构的绩效考评中,大多数关注于其科技项目的研发水平与项目产出业绩,因此,满足考核需要的评估重点在于项目计划完成情况、成果应用情况、科研经费控制情况、项目质量监管情况和 ERP 及内控管理情况等层面。

但是,从天然气勘探开发科技机构在天然气勘探开发科技中的价值主张出发,其业绩和效能应当同等重要。业绩一般以"科研投入"和"科研产出"量化,效能更应关注科研机构的发展能力、后备潜力、上升空间等,具体可体现在科研水平提高情况、科研能力提高情况、人才的培养、社会与公众的认知度等层面。充分考虑以上要素,才能在科技机构贡献度解析与绩效剥离时有据可依。

（二）基于技术树功能价值，构建科技成果应用绩效分成体系

天然气勘探开发科技成果应用的绩效评估不同于科技项目经济评价、科技效益评价等技术经济层面的评价，关心的是在既有科技价值实现并取得经济收益的前提下，如何在多科技协同作用产生的总绩效中，剥离出科技成果群的贡献，并通过逐层剥离，能够抽离出单一技术的价值贡献量，是为项目成果群中多技术体系里单一技术的绩效。从这种价值主张出发，现有的单纯以投入产出为工具进行科技成果应用绩效评估的方式显然是合适的。在现有的天然气勘探开发过程中，若干个科技协同是毋庸置疑的事实，且每个科技的投入和产出其实难以完整区分，而且科技产品的出现带有较大的偶然性，在该项科技开发成功之前曾进行了大量的可能毫无成果的先行研究，这些研究成果是否应该承担先行研究的费用及如何承担也很难确定，使得研究开发费用很难与天然气勘探开发科技一一对应。因此，对天然气勘探开发科技成果应用的绩效剥离，要立足整个天然气勘探开发科技体系层面，统揽勘探开发作业流程对技术的需求以及科技价值贡献度，才能制订出科学的绩效剥离路径。

天然气勘探开发科技成果应用的经济效益主要体现在四个方面：一是储量的经济效益，通过构建科技创新体系，增加对油气成藏规律的认识，实现理论与实践突破，发现新的经济可采储量、增加企业资产；二是产量的经济效益，通过管理创新和科技进步延缓了老气田产量递减，维持和提升了老气田的现有产量；三是成本节约的效益，天然气科技创新体系对降本增效起到了积极影响；四是技术服务收益，通过技术服务实现技术价值和价值增值。

第三节 天然气勘探开发科技绩效评估方法总体设计

一、基于分形结构的天然气勘探开发科技绩效评估模型

树状分叉网络是一种非常普遍的分形结构，广泛存在于自然界之中，如植物的输送脉络、动物的血管网络和神经网络、山川河流的流动网络等都是自然条件下的树状分叉网络。树状分叉系统的几何结构看上去非常复杂，但由统计结果发现，这种结构通常可近似由一些简单的基

本结构迭代生成，是分形理论的重要分支。

天然气勘探开发科技绩效评估的方法选择路径具有典型的分形特征，即自相似性。自相似性包含自相似原则和分形迭代生成原则，总体体现了系统局部形态与整体形态的相似性，具体来说，就是无论立足如何不同的时间还是空间，某一结构或过程都呈现相似性，或者是某一局部与整体类似，这一特性也同时使得分形具有了能够跨越不同尺度的对称性。这一特性也强调，外观在通常的几何变换下具有不变性即标度无关性。分形理论的自相似性从简单意义上而言，可以被理解为"一个个形体或现象，被放大或缩小一定的倍数后，其形状或结构、功能还是与原来一样，具有相似的逻辑"。如前所述，在充分继承和吸收剥离法、增量效益法与技术分成法思想，合理改进科技成果评奖评价办法中的经济效益计算方法的基础上，对天然气勘探科技绩效的逐层剥离、构建分成体系，是天然气勘探开发科技绩效评估的总体路径。该路径在逐层分成的过程中，科技的功能价值是首要的衡量标准，以科技在每一序列不同功能价值作用的发挥为依据进行绩效分配，无论是从天然气勘探开发科技创新系统整体来看，还是从天然气勘探开发科技研发子系统、天然气勘探开发科技转化应用子系统出发，科技要素的价值主张与效益贡献度都是绩效分配的参照物，使得系统局部（子系统）评估形态与系统整体评估形态具备了相似性，充分体现了分形理论的自相似性特征。

因此，基于天然气勘探开发科技绩效评估路径的分形特征，结合树状分叉网络的基本分形结构，构建天然气勘探开发科技绩效分成的树杈网络分形结构：基于天然气勘探开发科技创新系统内涵，将天然气勘探开发科技绩效评估分为研发体系绩效与成果转化应用体系绩效，是为天然气勘探开发科技绩效评估的类型划分，将天然气勘探开发科技绩效评估分为两大类，研发体系的绩效评估将侧重于对机构、平台、技术发展体系等的综合绩效考量，目的在于为天然气科技创新能力评判与科技管理提供支撑与参考；科技转化应用绩效评估将立足具体对象（作业单元或区块）已知效益，进行逐层的分形结构解剖，目的在于最终获得每一层级技术要素的功能价值与贡献度，反映不同技术要素的真实贡献、进行技术奖励给予量化依据。基于此，构建天然气勘探开发科技绩效评估总体模型如图2-9所示。

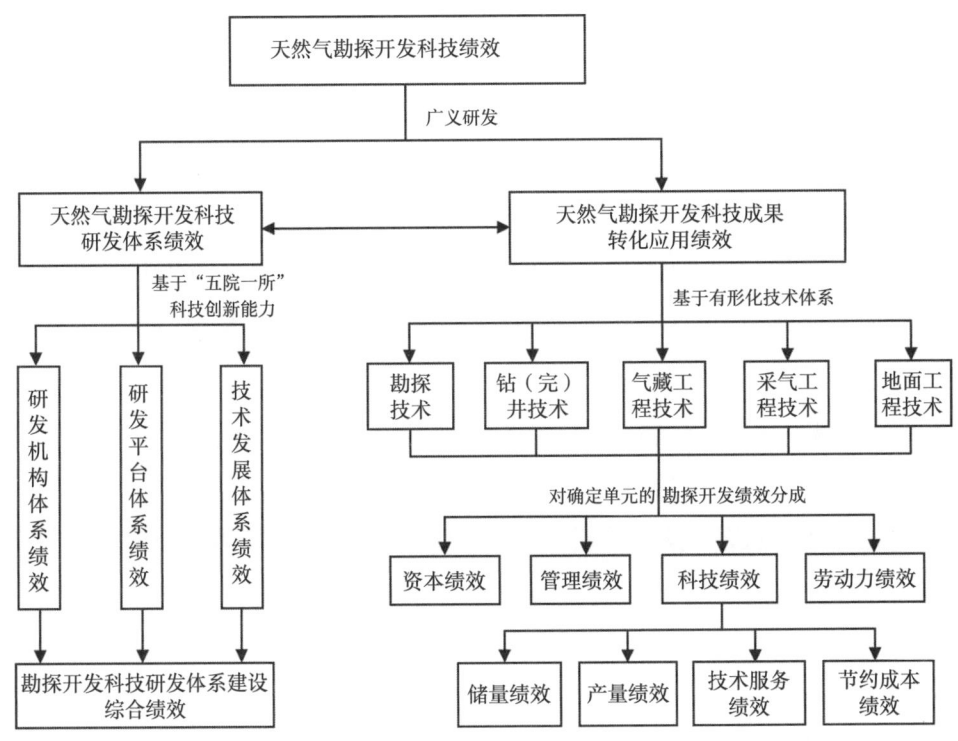

图 2-9　天然气勘探开发科技绩效评估总体结构模型

二、基于研发与应用的天然气勘探开发科技绩效评估方法体系

方法，狭义的方法指代各种计算方法，是为各种数学问题的数值解答研究提供最有效的算法；广义的方法是为了达到某种目的或获取某种东西而采取的手段、工具、途径、步骤、行为方式等的总称。天然气勘探开发科技绩效评估方法，是为了实现对天然气勘探开发科技的绩效进行全方位评估而采用和使用的思想、组织管理、制度流程等的总和。因此，本文所指的评估方法，是立足于广义方法概念，构建的能够用于指导天然气勘探开发科技绩效评估全部活动的一套系统结构。根据一般科技绩效评估范式，特别是结合油气科技效益评估方法，天然气勘探开发科技绩效评估既要充分考虑科技生产过程中科技要素的基础价值，又要注重剥离、分解出劳动力、资本、技术以及管理的具体贡献率。因此，天然气勘探开发科技绩效评估必须在创新驱动发展、科技体制机制改革、科技评估与人才激励、技术价值化等现实环境需求下，强调天然气

勘探开发科技研发、应用与实际生产的有机结合，根据天然气勘探开发科技定义、科技类型与价值、科技要素本质、科技绩效评估方法选择路径，体现天然气勘探开发科技创新发展的方向性、系统性、实用性与价值性，将其视为一项复杂的系统工程，从动态演化发展和螺旋上升的视角进行综合考量。

遵从科技创新发展趋势与绩效评估态势，积极应对天然气勘探开发科技绩效评估面临的挑战，按照天然气勘探开发科技创新系统关于科技研发与科技应用的自有结构，先将天然气勘探开发科技绩效分为研发体系绩效与科技成果转化应用绩效两部分，再根据不同类型的内在属性与基本特征考虑相对应的绩效评估方法体系。即，以科技要素参与企业发展收益分配的客观要求为起点，借鉴吸收现有油气科技效益评估主流方法中的剥离法、增量效益法与技术分成法等有益思想并对主流方法进行适当合理改进，立足天然气勘探开发科技创新的价值主张进行绩效分成，应当构建适用于评估研发体系绩效的方法和适用于科技成果转化应用绩效评估的方法，对于后者而言，根据其绩效表征和效益体现方式的不同，应当有关于技术应用储量价值的绩效评估方法、技术应用产量价值的评估方法、技术应用服务绩效评估方法、技术应用节约成本类绩效评估方法。根据科技绩效评估的现实需求以及亟待解决的问题，侧重于解决研发、储量、产量、技术服务这几类绩效评估方法。

基于此，构建天然气勘探开发技术要素应用效益递进分成评估方法，以期解决科研项目成果应用与储量和产量的绩效评估及效益分配问题；构建了天然气勘探开发技术要素市场化服务的收益分成评估方法，以期解决具体技术进行市场化应用的绩效评估与收益分配问题；构建了天然气勘探开发科技研发体系建设绩效评估方法，以期解决科研机构绩效评估与绩效分配问题。

三、基于技术经济评价的天然气勘探开发科技绩效评估方法设计维度

（一）评估前提：确定区块效益已知

天然气勘探开发科技绩效的评估与分成思考，是建立在确定区块

效益已知的前提下进行的。确定区块：根据《中国石油勘探与生产分公司已开发油气田效益评价细则》(2005)（以下简称《细则》）的规定，天然气勘探开发科技绩效评估的确定区块，可以是效益气井，包括效益一类井、效益二类井、效益三类井、边际效益井和无效益井，也可以是气田（区块），分为效益一类、效益二类、效益三类、无效益类。各类型不同的效益计算方式按照《细则》中明确的"油气井效益评价标准""油气田（区块）效益评价标准"以及"已开发油田效益评价表""已开发气田效益评价表"的相关方法与规范进行计算。

本书对于天然气勘探开发科技绩效评估方法的研讨，是建立在确定区块效益已知前提下，讨论如何以天然气勘探开发科技创新能力为总体视域，对天然气勘探开发科技研发体系的绩效和天然气勘探开发科技成果转化应用效益进行逐级分成的方法设计。最终目标是通过逐级分成，一方面能够量化科技研发体系科技创新能力问题，为研发体系的绩效分配与奖励提供参考依据；另一方面是要将区块总效益分解到不同层次直至落脚于单项技术，为科技成果奖励提供科学合理的参数与权重体系。

（二）评估视角：后评价

后评价于19世纪30年代产生在美国，直到20世纪60年代，才广泛地被许多国家和世界银行、亚洲银行等双边或多边援助组织用于世界范围的资助活动结果评价中。后评价概念最开始用于项目管理，是指在项目已经完成并运行一段时间后，对项目的目的、执行过程、效益、作用和影响进行系统的、客观的分析和总结的一种技术经济活动，即项目后评价。通过后评价，对投资活动实践的检查总结，确定投资预期的目标是否达到，项目或规划是否合理有效，项目的主要效益指标是否实现，通过分析评价找出成败的原因，总结经验教训，并通过及时有效的信息反馈，为未来项目的决策和提高完善投资决策管理水平提出建议，同时也为被评项目实施运营中出现的问题提出改进建议，从而达到提高投资效益的目的。后评价基本内容包括：项目目标评价、项目实施过程评价、项目效益评价、项目影响评价和项目持续性评价等诸多方面。

后评价的思路与绩效内涵表征一致。无论是经济学视域还是管理学视域，绩效可以被视为单位时间内的投入产出比，强调资源的投入与效率和效益的产出。从科技创新系统的整体视角看，科技创新行为的投入产出比，即项目投入1个单位资金能产出多少单位资金，其数量常用"1：N"的形式表达，N 值越大，经济效果越好。之所以说天然气勘探开发科技绩效评估视角立足后评价视角，是由于天然气勘探开发科技绩效评估是以效益评价结果为前提的，而效益评价本身是后评价的重要部分。因此，针对确定单元在一定时期内创造的效益总量既定，能够通过财务数据计算，作为绩效分配的前提，使得天然气勘探开发科技绩效评估具备了项目后评估的典型特征。

（三）评估核心：兼顾存量与增量

在现代西方宏观经济学总量分析中，存量分析和流量分析是广泛使用的一种分析方法：存量分析就是对一定时点上已有的经济总量的数值及其对其他经济变量的影响进行分析；流量分析则是对一定时期内有关经济总量的变动及其对其他经济总量的影响进行分析。基于二者的分析对于理解经济活动中各种经济变量的关系及其特征和作用至关重要。基于研究需要，引入存量和流量的概念。

用存量表示天然气勘探开发科技在一定时期内创造的绩效总量，即基础功能价值贡献度，包括天然气勘探开发科技研发体系建设绩效存量与天然气勘探开发科技成果转化应用绩效存量两个部分。（1）天然气勘探开发科技研发体系建设绩效存量，是在一定时期内为服务于天然气勘探开发主要业务服务而从事的科技研发、现场试验、科技服务、科技决策咨询与研究等活动，长期沉淀形成的机构品牌建设、机构研究效率、人才结构、资产结构、专利发明、社会影响力等方面的效率与效益的总量，是进行天然气勘探开发科技研发体系建设的基础功能价值的度量。（2）天然气勘探开发科技成果转化应用绩效存量是一个动态、递进、复杂的过程，用存量表示其绩效，更多是体现在一定时期内，天然气勘探开发科技成果在确定单元中的技术要素贡献度的大小，与确定单位对象内的常规技术应用体系、新技术投入与应用等紧密相关。

流量反映的是一定时期内天然气勘探开发科技价值贡献引发绩效变动量。结合油气科技效益评估的方法和概念描述，在天然气勘探开发科技绩效评估中，用"增量"概念表示"流量"显得更为直观、形象和贴切。(1)对天然气勘探开发科技研发体系而言,绩效增量在于一定时期内,通过提升机构组织管理能力、增加研发投入、产出科技产品、丰富天然气勘探开发科学与技术发展体系等产生的科技研发体系功能价值的增加量。(2)对天然气勘探开发科技成果转化应用而言,增量效益更表现在增加油气储量、增加油气产量、提供技术服务获得的收益、降本增效等方面的变动,可通过财务净现值反映出来。

在逐层的绩效分成过程中,对存量与增量的计算,将立足指数法与指数增量法结合的综合计算方法。这是因为:(1)单一的指数法是指将某具体指标的实际值与该指标的标准值(目标值)进行比较,两者的比值即为该项指标的绩效指数,即实际值:标准值(目标值)=绩效指数。它将存量绩效包含在内,但并没有反映增量绩效的影响,因此缺乏纵向的可比性,难以反映评价周期内该指标的绩效。(2)单一的指数增量法是把评价周期内具体指标的期末值与期初值相比较,以该比值作为具体指标的绩效指数。它突出了增量的绩效,忽略了存量的绩效,所反映的绩效信息有限。(3)指数法和指数增量法的集合从理论上使不同指标之间具备了可比性,对存量和增量影响绩效评价得分的机理进行了通盘考虑,比单一使用指数法或单一使用指数增量法更为全面、科学。

第三章 天然气勘探开发技术要素应用效益递进分成评估方法研究

第一节 天然气勘探开发技术要素应用效益分成依据与思想

一、技术要素参与效益分配的主要依据

（一）符合油气技术创新发展需要

在创新驱动发展战略指引和"创新、协调、绿色、开放、共享"的发展理念下，技术创新作为实现能源"十三五"规划的重要组成部分保障，被摆在了油气行业发展全局的核心位置。油气技术创新通常具有资源消耗多、投入大等特征，通过技术创新成果的市场化、规模化生产应用，是真正实现科技创新驱动发展的关键所在。技术创新成果价值的认定，是从技术研发到成果转化应用的分水岭，直接影响着油气技术创新成果的推广应用程度，以及油气技术转变为生产力的速度和规模。随着我国市场开放和经济体制改革的深化，党的"十九大"提出完善要素市场化配置以实现要素自由流动和价格灵活反应等目标，为技术作为一种重要的生产要素参与市场交易与分配提供了政策支撑。以此为起点，以技术价值为前提，继承和发展目前国内外主要的技术评估模型，在开放市场的动态化谈判与博弈条件下，探索比较适合油气行业技术特征的效益分配方法，是真正适应油气技术按要素分配、促进科技创新驱动发展

的内在需要。

（二）有效解决现行技术收益分配方法局限性

陈英超等（2016）通过研究认为，价值评估必须立足成本法、市场法和收益法3种基本评价方法，既要充分考虑石油产业技术特点，又要遵循利润分成和风险共担原则。首先，目前的成本＋利润定价模型把技术价格表示为技术的研制成本加期望技术带来的利润。简单直观，但没有考虑到技术的特殊性和影响技术价格的各种因素。其次，收益分成定价法是建立在效用价值论基础之上，可操作性也较强；但对未来收益的预测和对技术获利能力的判断带有较大的主观性和随意性，折现率的确定有较大的难度，技术要素分成率的确定也有很大的不确定性。再次，市场价格比较法赖以生存的技术市场和交易信息体系尚未健全，主要表现在我国技术交易市场不够发达，技术资产市场交易信息的不对称性，技术资产的非标准性。

目前国内外有数量众多、形态各异的各种评估和效益分配模型，但完美的方法不多。天然气勘探开发技术作为技术型无形资产，其价值形成过程的创造性和价值转化过程的风险性特征，使得影响天然气勘探开发技术商品价格形成的因素更多也更复杂，导致技术效益划分难度更大。现有的技术效益分配模型与方法，大多仅从转让的单方确定技术作价原则，并试图以点估计值作为参考价格和效益划分依据，忽略了技术收益中复杂得多要素协同过程；且结合油气技术特征进行收益分成的相关研究成果、公开报道极少。

二、技术要素应用效益分成的主要思想

（一）技术价值是技术收益分成的基础

按照马克思的劳动价值论，技术无论是作为一种商品还是作为一种生产要素，都具有一般价值和使用价值。技术价格作为技术使用价值的反映，体现技术要素组成部分价值量及其价值关系。中国石油天然气价格研究中心（2016）在多年间对天然气价格市场化体系研究中发现，天然气价格以价值为核心内容和逻辑起点，提出了基于天然气多元价值的天然气价格理论体系与天然气市场化价格机制与定价策略方法。程海森（2017）等认为，技术商品具有公共产品属性，每一位技术商品拥有者

均可以获取技术商品的全部使用价值，再次转让之后仍能保有全部使用价值，以此编制了技术市场价格指数。

（二）利润分成是技术收益分配的关键

利润分成率是评估无形资产收益的一种方法，是以无形资产带来的追加利润在利润总额中的比重为基础的，也是国际许可贸易中最为常见的一种专利技术商品价格评估方法，通常由利润分成率确定技术价值或价格上限。对技术进行分成时，利润分成率既是一个复杂和难以准确计量的参数，又是技术收益确定的关键基础参数。孙裕君（2003）认为，技术成果的价格是以它的使用价值带来的经济效益大小来确定，要正确运用利润分成率法和提成率法等进行技术定价与收益分配；李爱华（2006）提出确定分成率的专家分析法；丁战等（2007）利用多属性综合评价模型确定分成率的调整系数，得到进一步确切的技术分成率。

第二节　天然气勘探开发技术要素应用效益递进分成技术经济模型

一、天然气勘探开发技术要素应用效益递进分成的内涵与思路

技术要素应用效益递进分成是以确定单元已经取得的储量或产量效益与价值为对象，按照要素分配原理，基于有形化技术树的层级结构，逐层进行技术要素效益分成。第一级分成是按照要素分成，在总效益中分出技术要素比重，即技术要素总分成率；第二级到第 N 级的效益分成，按照各技术要素在技术级序中的功能价值、依据不同的特征向量指标、逐级计算技术分成率，确定技术要素在各技术级序效益中的比重。由于效益分成顺袭技术树脉络、成自上而下递进式关系，是为技术要素应用效益的递进成分。

技术要素应用效益递进分成的概念建立在中国石油天然气集团有限公司现有油气科技绩效评估方法——"石油石化行业技术创新成果评价（评奖）方法（2003）""石油科技成果直接经济效益计算方法""中国石

油有形化技术商业化价值评估方法"的基础上，充分吸收三大主流方法中的效益分成、逐级剥离以及重大专项效益计算中的增量效益思想。在继承与借鉴的同时，对方法应用的相关之处进行适应性改进思考，如第二章所述，特别是充分吸收了有形化技术成果概念，强调技术的层次性、结构性和功能价值。

因此，采用收益分成思想分析天然气勘探开发技术要素应用效益，便有了两个重要前提：其一，技术分成是核心思想，技术分成是对确定单元已知的储量或产量经济效益进行分成，而这个储量或产量经济效益本身已经有相关方法予以确认了的，此处主要研究在这个既定的效益上如何进行分成的问题；其二，天然气储量或产量经济效益实现涉及天然气科技体系中庞大的技术集群，技术分成应当以天然气勘探开发技术树为依托，理清技术树的功能价值，按照天然气勘探开发技术树的四个层级进行递进式效益分成，才能实现从总体技术到单一技术对效益的分成。

基于此，确定技术要素应用效益递进分成法，作为天然气勘探开发科技成果转化应用于储量或产量经济效益的绩效评估方法。按照天然气勘探开发有形化技术树，进行技术要素递进式分成：第Ⅰ级，资本、劳动、管理、技术等生产要素效益分成→第Ⅱ级，勘探开发技术体系效益分成→第Ⅲ级，勘探开发技术系列效益分成→第Ⅳ级，勘探开发单项技术效益分成，构建基于技术要素应用效益递进分成的物理模型，如图3-1所示。

二、技术要素应用效益递进分成法的技术经济模型架构

（一）模型总图

依据基于天然气勘探开发有形化技术树的技术要素应用效益递进分成设计框架，立足要素分配理论、利润分成理论、价值工程原理等相关理论，采用技术经济评价思维，基于投入与产出视角，充分吸收分成法、增量效益法和剥离法思想，构建技术要素应用效益递进分成法的技术经济模型，如图3-2所示。

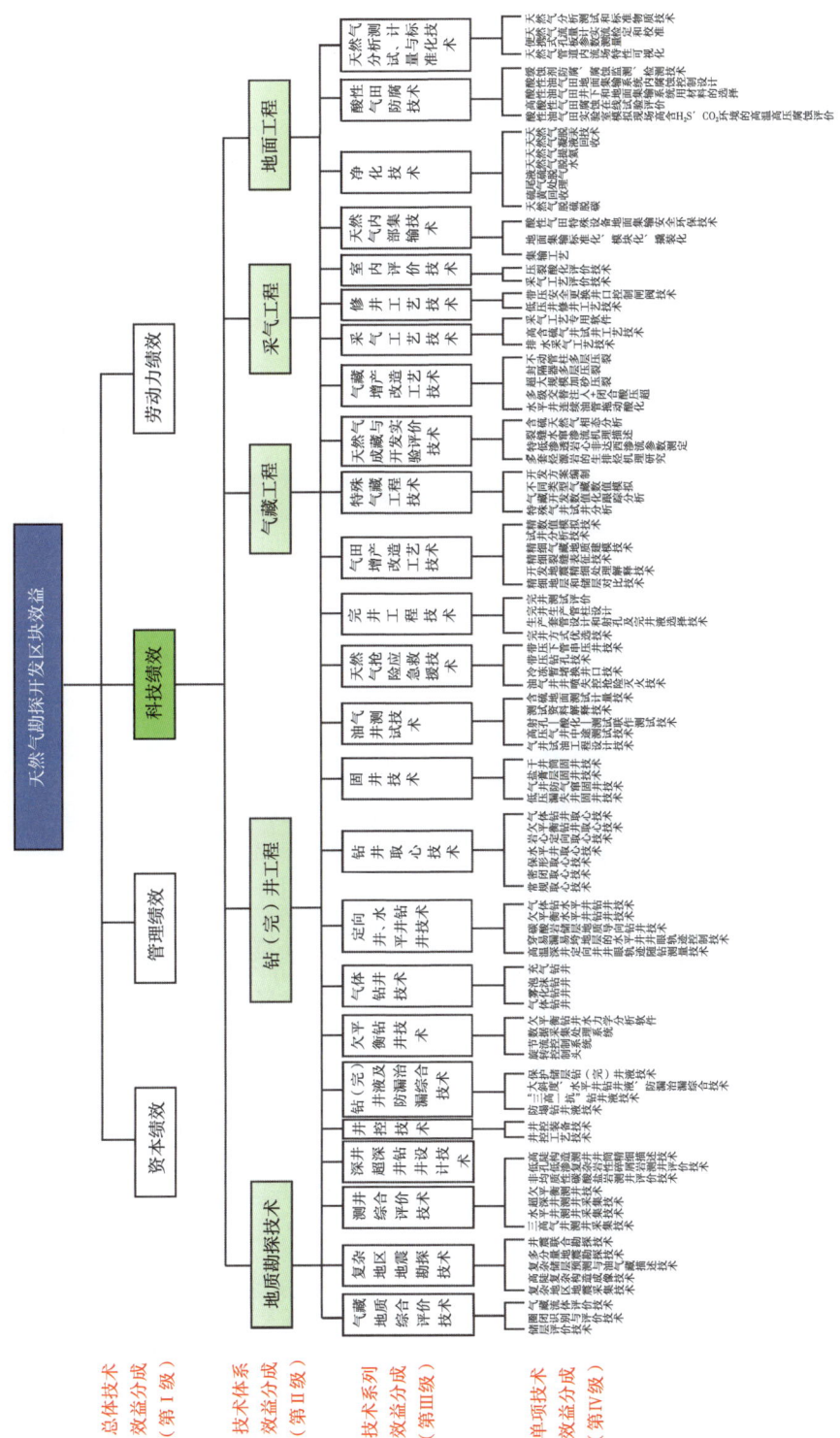

图 3-1 基于天然气勘探开发有形化技术树的技术要素应用效益递进分成设计框架

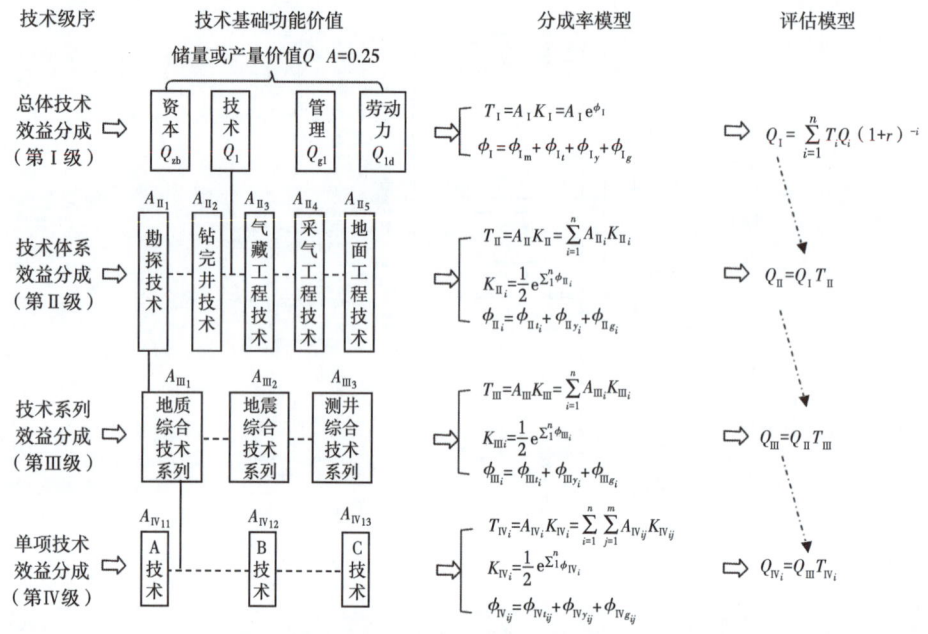

图 3-2 技术要素应用效益递进分成法的技术经济模型

各符号含义可参见本章第三节

(二) 核心原理

1. 基于技术级序递进分成, 凸显技术基础功能价值 (A)

技术要素应用效益递进分成法的技术经济模型构建, 高度重视技术基础功能价值, 而技术要素基础功能价值是以天然气勘探开发技术树为依托的。由于现有的天然气勘探开发中已经形成了天然气勘探开发技术树, 也就一定程度上是对技术存在级别序列、不同的级序中存在的不同贡献价值进行了相对确定, 那么, 基于有形化技术树的结构讨论技术要素在技术层级、技术体系、技术序列中的位置与贡献, 便是充分尊重了技术在技术树中的功能价值与地位, 使得以技术层级为依托进行效益的逐级分成具有了科学性与合理性。

虽然对不同的天然气勘探开发领域而言, 技术的功能定位可能有所调整, 比如页岩气、致密气、整装气等, 应该有一定程度的差别, 但是, 就天然气勘探开发技术体系整体而言, 技术要素的基本结构须与分级分类架构一致。而关于技术树的分级分类问题, 需要依据历史投入成本、实践经验与行业专家共同评估。本书仅立足已有天然气勘探开发科技有形化技术树，进行技术基础功能价值的确定与递进式效益分配方法的研究。

2. 分成系数（K）

分成系数（K）= 基本功能价值 × 调整系数，按照分成率模型，分成系数是按照技术级序进行技术要素应用效益递进分成的关键，而调整系数便是收益递进分成法落实逐级分成的核心。

基于技术经济评价的典型路径和管理会计的设计思维，有效的分成必须考虑有效的投入与有效的产出，就必须要考虑要素资源的投入成本问题的特征指标。那么，对技术要素的收益分成，除却按照天然气勘探开发有形化技术树确定技术要素的基础功能价值外，还应当有一系列反应技术要素相关投入成本的财务指标，统称调整系数。调整系数的引入，是在技术要素基础功能价值的基础上，通过特征向量指标的提取，能够更准确地反映出技术要素在确定作业过程中的价值量与贡献大小。这里的特征向量指标，是立足财务数据、采用关键取值法能够提取的特征向量指标。

因此，特征向量指标的选择，必须注意三个方面：

第一，特征向量指标是立足有效投入而言的，对要素投入的剥离必须以对成本的提取与分析为前提，因此，一定是立足财务指标，也就是在财务上、账务上或者通过相关要素投入能够量化反映的，是客观财务数据能够加以体现或表示出来的。

第二，在油气科技管理范围内，除了体现技术要素功能价值的指标外，对于评估指标的选择尽量减少主观判断，最大限度采用关键特征向量指标来控制。

第三，虽然每一层级的技术分成率遵循统一的基本原理、采用通用的计算模型，但是，由于技术要素在技术级序中的地位不同，功能价值不同，贡献力度不同，因此，对每一级序的技术要素中特征向量指标涉及的参数取值都是完全不一样的。从而，才能客观体现出技术要素的属性与创效能力，凸显按技术要素贡献参与分配的本质。

第三节　天然气勘探开发技术要素应用效益递进分成数学模型

按照技术经济模型设计的收益递进分成路径，进行多层级的技术要素应用效益分成的数学模型设计。

一、勘探开发总体技术效益分成（Ⅰ级技术效益分成）

一般而言，生产要素通常包含资本、劳动力、管理、技术等要素。按照生产要素进行技术要素应用效益分成，便是利用利润分成法建立基于技术储量或产量价值的生产要素分成率计算公式。评估界在确定技术要素分成率时，通常采用经验数据法、行业惯例法等基本方法，这些基本方法也是一些学者自主设计的新模型的基础。

因此，根据柯布道格拉斯（Cobb-Douglas）生产函数原理、指数强度法和技术要素分成率的主控因素，依据国内外利润分成法的经验，参考油气技术要素价值确定的计算思路与计算公式[1]，基于收益现值法，建立由技术要素分成法确定的天然气勘探开发储量或产量预期市场价值计算公式：

$$Q_\mathrm{I} = \sum_{i=0}^{n} T_i Q_i (1+r)^{-i} \qquad (3\text{-}1)$$

式中　Q_I——天然气勘探开发储量或产量预期市场价值；

T_i——技术要素分成率；

Q_i——技术在第 i 年产生的技术储量或产量预期市场价值；

r——折现率；

i——预期的收益年限。

（一）勘探开发技术要素分成率（T_I）

按照技术要素应用效益递进分成的核心原理：分成系数 = 基本功能价值 × 调整系数，构建勘探开发技术要素分成率计算公式：

---

[1] 参见《集团公司技术商业模式与价值化研究》（2016—2018）课题研究成果中关于油气技术要素价值评估思想与价值确定方法。

$$T_{\mathrm{I}}=A_{\mathrm{I}}K_{\mathrm{I}} \qquad (3\text{-}2)$$

式中　T_{I}——第Ⅰ级技术要素分成率；

　　　A_{I}——第Ⅰ级技术要素基础功能价值；

　　　K_{I}——第Ⅰ级技术要素分成的调整系数，$0<K_{\mathrm{I}}<1$。

设 $K_{\mathrm{I}}=K_{\mathrm{I}_m}K_{\mathrm{I}_t}K_{\mathrm{I}_y}K_{\mathrm{I}_g}$，求自然对数得：

$$\ln K_{\mathrm{I}}=\ln K_{\mathrm{I}_m}+\ln K_{\mathrm{I}_t}+\ln K_{\mathrm{I}_y}+\ln K_{\mathrm{I}_g} \qquad (3\text{-}3)$$

设：$\phi_{\mathrm{I}_m}=\ln K_{\mathrm{I}_m}$，$\phi_{\mathrm{I}_t}=\ln K_{\mathrm{I}_t}$，$\phi_{\mathrm{I}_y}=\ln K_{\mathrm{I}_y}$，$\phi_{\mathrm{I}_g}=\ln K_{\mathrm{I}_g}$；

设：$\phi_{\mathrm{I}}=\phi_{\mathrm{I}_m}+\phi_{\mathrm{I}_t}+\phi_{\mathrm{I}_y}+\phi_{\mathrm{I}_g}$，$0<\phi_{\mathrm{I}}<1$，有：

$$\begin{aligned}T_{\mathrm{I}}&=A_{\mathrm{I}}\mathrm{e}^{\phi_{\mathrm{I}_m}}\mathrm{e}^{\phi_{\mathrm{I}_t}}\mathrm{e}^{\phi_{\mathrm{I}_y}}\mathrm{e}^{\phi_{\mathrm{I}_g}}\\&=A_{\mathrm{I}}\mathrm{e}^{\phi_{\mathrm{I}_m}+\phi_{\mathrm{I}_t}+\phi_{\mathrm{I}_y}+\phi_{\mathrm{I}_g}}\\&=A_{\mathrm{I}}\mathrm{e}^{\phi_{\mathrm{I}}}\end{aligned} \qquad (3\text{-}4)$$

式中　T_{I}——总体技术要素分成率；

　　　A_{I}——总体技术要素的基础分成率；

　　　K_{I}——总体技术要素分成的调整系数，是 ϕ_{I} 的指数函数；

　　　ϕ_{I}——总体技术要素分成调整指数；

　　　ϕ_{I_m}——勘探开发项目基础收益强度因子；

　　　ϕ_{I_t}——总体科技投入成本强度因子；

　　　ϕ_{I_y}——总体工程技术投入成本强度因子；

　　　ϕ_{I_g}——总体科技先进性技术投入数量强度因子。

（二）勘探开发技术要素的基础分成率（A_{I}）

技术资产交易中确定利润分成率的主要依据是"三分说"和"四分说"。"三分说"认为企业所获收益是由资金、管理能力和技术这三个因素综合形成的，作用的权重均为 1/3。"四分说"认为企业获得由资金、组织、劳动和技术这四个因素综合形成，作用权重各占 1/4。联合国工业发展组织对发展中国家引进技术商品价格做了大量分析后认为，利润提成率一般取 16%~27% 较为适宜，在 10%~30% 范围内均属合理。一般认为技术提供方在技术接受方的利润中占 1/4~1/3 比较合理，最为明确的提法仅是坚持"四分法"的人认为每个因素的分成率应在 25% 左右。

因此，本书暂取 $A_1=0.25$，作为勘探开发技术要素的基础分成率，它体现了天然气勘探开发技术要素在生产要素中的最基本地位。

（三）勘探开发技术要素分成调整指数（ϕ_1）

一般而言，技术要素分成率的大小主要受到技术自身条件、技术的经济性状况、技术的市场化前景、技术的法律状况、技术转让方式和受让条件等诸多因素的影响。天然气勘探开发技术要素分成率的关键因素是技术先进性与有效贡献、自身的获利能力、科技投入成本比重等因素。

因此，勘探开发技术要素分成调整指数：

$$\phi_1 = \phi_{I_m} + \phi_{I_t} + \phi_{I_y} + \phi_{I_g} \tag{3-5}$$

式中 ϕ_{I_m}——天然气勘探开发项目基础收益强度因子；

ϕ_{I_t}——总体科技投入成本强度因子；

ϕ_{I_y}——总体工程技术投入成本强度因子；

ϕ_{I_g}——总体科技的先进性要素累加强度因子。

基于管理会计的设计思维和有效投入的技术经济评价前提，进行各特征向量指标的参数提取与计算：

（1）天然气勘探开发项目基础收益强度因子（ϕ_{I_m}）。因我国行业基准收益率更新缓慢，无法反映真实的行业发展状况，故考虑天然气勘探开发项目的财务内部收益率。

（2）总体科技投入成本强度因子（ϕ_{I_t}）。表示科技总投入占项目总投入的比重总（技术占技术系列比重的）。

计算公式：

$$\phi_{I_t} = \frac{总体科技投入成本}{勘探开发项目投入成本} \tag{3-6}$$

（3）总体工程技术投入成本强度因子（ϕ_{I_y}）。

表示工程技术（应用性项目）占科技总投入的比重。由于天然气勘探开发科技成果转化应用都是直接的工程技术推广应用而来的，所以此处引入工程技术投入指标，着重凸显工程技术推广应用的功能价值。若是评估理论性或管理决策性项目的应用价值，就必须体现理论性指标或管理决策性指标,那么此处就应当是相应的理论性或管理决策性项目投入成本在总体科技投入成本中的比重作为本特征向量的参数提取。这便是对技术功能价值调整系数进行特征向量选取的焦点。

计算公式:

$$\phi_{I_y} = \frac{总体工程技术投入成本}{总体科技投入成本} \quad (3-7)$$

(4)总体科技的先进性要素累加强度因子(ϕ_{I_g})。表示技术要素在有效应用时间段内的先进性控制。

计算公式:

ϕ_{I_g}= 总体科技的先进性要素累加值(专利、专有技术、有形化技术、技术秘密,以及获得省部级以上科技进步奖的技术等) (3-8)

其中,$\phi_{I_g} \leq 0.3$,每项可赋值 0.001,按照先进性排序,可取前 300 项。

(5)取值范围界定。上文已述及,勘探开发技术要素分成率(T)原则上要小于科技贡献率,中国石油 2030 年科技贡献率拟达到 65%。

按照式(3-2),当 A=0.25,假定 ϕ=1 时,T=0.68。实际上,ϕ 的实际取值在 0.5 左右,则 T=0.41。

因此,0.25 < T < 0.68,这是比较符合实际情况。

二、勘探开发技术体系效益分成(Ⅱ级技术效益分成)

按照天然气勘探开发主要作业流程构建勘探开发有形化的技术树,确定天然气勘探开发技术体系的基础功能价值,根据索洛生产函数原理和归一化原理,技术要素分成率的主控因素,并依据国内外利润分成法的经验,基于技术供需双方通过交易双方利益博弈方式来合理、均衡地分担技术风险和分割技术储量或产量收益,并根据式(3-2)至式(3-4)的计算思路,结合天然气勘探开发技术树中技术体系结构特征和归一化原理,建立天然气勘探开发技术体系效益分成(Ⅱ级技术效益分成)计算公式:

$$Q_{\mathrm{II}} = Q_{\mathrm{I}} T_{\mathrm{II}} \quad (3-9)$$

$$T_{\text{II}} = A_{\text{II}} K_{\text{II}} = \sum_{i=0}^{n} A_{\text{II}_i} K_{\text{II}_i} \quad (3\text{-}10)$$

$$A_{\text{II}} = \sum_{i=1}^{n} A_{\text{II}_i} \quad (3\text{-}11)$$

$$K_{\text{II}_i} = \frac{1}{2} e^{\sum_{i=1}^{n} \phi_{\text{II}_i}} \quad (3\text{-}12)$$

$$\phi_{\text{II}_i} = \phi_{\text{II}_{ti}} + \phi_{\text{II}_{yi}} + \phi_{\text{II}_{gi}} \quad (3\text{-}13)$$

式中　Q_{II}——第Ⅱ级天然气勘探开发储量或产量预期市场价值；

Q_{I}——第Ⅰ级天然气勘探开发储量或产量预期市场价值；

T_{II}——第Ⅱ级技术要素分成率；

A_{II}——第Ⅱ级技术要素基础功能价值，由天然气勘探开发技术树中技术体系的技术类别功能价值确定，如A_{II_i}由技术体系中第i类技术的基础功能价值确定；

K_{II}——第Ⅱ级技术要素分成的调整系数，是ϕ_{II_i}的指数函数；

ϕ_{II_i}——第Ⅱ级技术要素分成调整指数；

n——强度因子的个数。

同理，第Ⅰ级指标的关键特征向量提取，基于管理会计的设计思维和有效投入的技术经济评价前提，进行各特征向量指标的参数提取与计算。

（1）体系中第i类技术投入成本强度因子（$\phi_{\text{II}_{ti}}$）：

$$\phi_{\text{II}_{ti}} = \frac{\text{第}i\text{类技术投入成本}}{\text{技术体系投入成本}} \quad (3\text{-}14)$$

（2）技术体系中第i类工程技术投入成本强度因子（$\phi_{\text{II}_{yi}}$）：

$$\phi_{\text{II}_{yi}} = \frac{\text{第}i\text{类工程技术投入成本}}{\text{第}i\text{类技术投入成本}} \quad (3\text{-}15)$$

（3）技术体系中第i类的先进性要素累加强度因子（$\phi_{\text{II}_{gi}}$）：

$\phi_{\mathrm{II}_{gi}}$ = 技术体系中第 i 类的先进性要素累加值（技术先进性包括专利、专有技术、有形化技术、技术秘密以及获得省部级以上科技进步奖的技术等） (3-16)

其中，$\phi_{\mathrm{II}_{gi}} \leqslant 0.3$，每项可赋值 0.003，按照先进性排序，可取前 100 项。

三、勘探开发技术系列效益分成（Ⅲ级技术效益分成）

同理于公式（3-9）到（3-13）关于第Ⅱ级技术要素效益分成的设计思路，第Ⅲ级技术要素应用的效益分成以天然气勘探开发有形化技术树的第三级序为依托，确定天然气勘探开发技术体系的基础功能价值；根据索洛生产函数原理和归一化原理，基于第Ⅲ级序中技术系列的特征向量提取，构建第Ⅲ级技术要素应用的收益分成公式集，有：

$$Q_{\mathrm{III}} = Q_{\mathrm{II}} T_{\mathrm{III}} \tag{3-17}$$

$$T_{\mathrm{III}} = A_{\mathrm{III}} K_{\mathrm{III}} = \sum_{i=1}^{n} A_{\mathrm{III}_i} K_{\mathrm{III}_i} \tag{3-18}$$

$$A_{\mathrm{III}} = \sum_{i=1}^{n} A_{\mathrm{III}_i} \tag{3-19}$$

$$K_{\mathrm{III}_i} = \frac{1}{2} \mathrm{e}^{\sum_{i=1}^{n} \phi_{\mathrm{III}_i}} \tag{3-20}$$

$$\phi_{\mathrm{III}_i} = \phi_{\mathrm{III}_{ti}} + \phi_{\mathrm{III}_{yi}} + \phi_{\mathrm{III}_{gi}} \tag{3-21}$$

式中 Q_{III}——第Ⅲ级天然气勘探开发储量或产量预期市场价值；

Q_{II}——第Ⅱ级天然气勘探开发储量或产量预期市场价值；

T_{III}——第Ⅲ级技术要素分成率；

A_{III}——第Ⅲ级技术要素基础功能价值，由天然气勘探开发技术树中技术系列的功能价值确定，如 A_{III_i} 由技术系列中第 i 系列的基础功能价值确定；

K_{III}——第Ⅲ级技术要素分成的调整系数，是 ϕ_{III_i} 的指数函数；

ϕ_{III_i}——第Ⅲ级技术要素分成调整指数；

n——强度因子的个数。

同理，第Ⅰ级和第Ⅱ级相关指标的关键特征向量提取，基于管理会计的设计思维和有效投入的技术经济评价前提，进行各特征向量指标的参数提取与计算。

（1）技术系列中第 i 系列投入成本强度因子（$\phi_{\mathrm{III}_{ti}}$）：

$$\phi_{\mathrm{III}_{ti}} = \frac{第\,i\,系列投入成本}{技术系列投入成本} \tag{3-22}$$

（2）技术系列中第 i 系列工程技术投入成本强度因子（$\phi_{\mathrm{III}_{yi}}$）：

$$\phi_{\mathrm{III}_{yi}} = \frac{第\,i\,系列工程技术投入成本}{第\,i\,系列投入成本} \tag{3-23}$$

（3）技术体系中第 i 类的先进性要素累加强度因子（$\phi_{\mathrm{III}_{gi}}$）：

$$\phi_{\mathrm{III}_{gi}} = 技术体系中第\,i\,类的先进性要素累加值（专利、专有技术、有形化技术、技术秘密，以及获得省部级以上科技进步奖的技术等） \tag{3-24}$$

其中，$\phi_{\mathrm{III}_{gi}} \leq 0.3$ 每项可赋值 0.006，按照先进性排序，可取前 50 项。

四、单项勘探开发技术效益分成（Ⅳ级技术效益分成）

根据式（3-17）至式（3-21），结合天然气勘探开发技术树中技术系列结构特征得：

$$Q_{\mathrm{IV}_i} = Q_{\mathrm{III}} T_{\mathrm{IV}_i} \tag{3-25}$$

$$T_{\mathrm{IV}_i} = A_{\mathrm{IV}_i} K_{\mathrm{IV}_i} = \sum_{i=1}^{n}\sum_{j=1}^{m} A_{\mathrm{IV}_{ij}} K_{\mathrm{IV}_{ij}} \tag{3-26}$$

$$A_{\mathrm{IV}_i} = \sum_{i=0}^{n}\sum_{j=1}^{m} A_{\mathrm{IV}_{ij}} \tag{3-27}$$

$$K_{\mathbb{N}_i} = \frac{1}{2} e^{\sum_{i=1}^{n}\sum_{j=1}^{m}\phi_{\mathbb{N}_{ij}}} \quad (3-28)$$

$$\phi_{\mathbb{N}_{ij}} = \phi_{\mathbb{N}_{t_{ij}}} + \phi_{\mathbb{N}_{y_{ij}}} + \phi_{\mathbb{N}_{g_{ij}}} \quad (3-29)$$

式中 $Q_{\mathbb{N}_i}$——第Ⅳ级第 i 系列天然气勘探开发储量或产量预期市场价值；

$Q_{\mathbb{II}}$——第Ⅲ级第 i 系列天然气勘探开发储量或产量预期市场价值；

$T_{\mathbb{N}_i}$——第Ⅳ级第 i 系列技术要素分成率；

$A_{\mathbb{N}_i}$——第Ⅳ级第 i 系列技术要素基础功能价值，由天然气勘探开发技术树中单一技术的功能价值确定，如 $A_{\mathbb{N}_{ij}}$ 由技术系列中第 i 系列的第 j 技术的基础功能价值确定；

$K_{\mathbb{N}_i}$——第Ⅳ级第 i 系列技术要素分成的调整系数，是 $\phi_{\mathbb{N}_{ij}}$ 的指数函数；

$\phi_{\mathbb{N}_{ij}}$——第Ⅳ级第 i 系列第 j 技术要素分成调整指数；

n——强度因子的个数。

同理，上述第Ⅰ级、第Ⅱ级以及第Ⅲ级相关指标的关键特征向量提取，基于管理会计的设计思维和有效投入的技术经济评价前提，进行各特征向量指标的参数提取与计算。

（1）第 i 系列中第 j 技术投入成本强度因子（$\phi_{\mathbb{N}_{t_{ij}}}$）：

$$\phi_{\mathbb{N}_{t_{ij}}} = \frac{第 j 技术投入成本}{第 i 系列投入成本} \quad (3-30)$$

（2）第 i 系列中第 j 技术有效应用时间强度因子（$\phi_{\mathbb{N}_{y_{ij}}}$）：

$$\phi_{\mathbb{N}_{y_{ij}}} = \frac{第 j 技术有效应用时间}{勘探开发项目评价期} \quad (3-31)$$

（3）第 i 系列中第 j 技术先进性要素累加强度因子（$\phi_{\mathbb{N}_{g_{ij}}}$）：

$\phi_{\mathbb{N}_{g_{ij}}}$ = 第 j 技术的先进性要素累加值（专利、专有技术、有形化技术、技术秘密，以及获得省部级以上科技进步奖的技术等） （3-32）

其中，$\phi_{{\rm N}_{g_{ij}}} \leqslant 0.3$，每项可赋值 0.03，按照先进性排序，可取前 10 项。

第四节　天然气勘探开发技术要素应用效益递进分成评估规范

一、总则

（一）范围

本规范适用于天然气勘探开发已取得储量或产量效益后进行技术要素应用效益递进分成的确定。

（二）规范性引用文件

中国资产评估协会制定的《资产评估准则——无形资产》(2008 年)；
《中国石油天然气集团公司勘探开发投资项目经济评价方法》(2005 年)；
《中国石油天然气集团公司建设项目经济评价参数》(2018 年)。

（三）评估时点

评估过程中的一切取价标准均为评估基准日这一时点的价值标准。

在技术要素应用收益评估时，必须假定市场条件固定在某一时点，这一时点就是评估基准日，它为技术要素应用收益分成提供了一个时间基准，评估值就是评估基准日的技术要素应用收益。

（四）总体思路

立足要素分配理论、利润分成理论、价值工程原理等相关理论，采用有效投入与有效产出讨论有效分成的技术经济评价思维，充分吸收主流油气科技效益评估中关于技术分成法、增量效益法、剥离法思想，构建天然气勘探开发技术要素应用效益递进分成评估方法。

天然气勘探开发技术要素应用效益递进分成评估，原则上是在技术研发完成后进行应用的后评价行为，确切地说，是一种针对天然气勘探开发科技成果应用绩效的评估方法。该方法的总体思路是：生产要素分成（第Ⅰ级）→技术体系效益分成（第Ⅱ级）→技术系列效益分成（第Ⅲ级）→单项技术效益分成（第Ⅳ级）。

生产要素效益分成（第Ⅰ级）：根据技术要素分成法确定的天然气勘探开发储量或产量预期市场价值计算公式，进行资本、劳动、管理和技术等要素效益分成，在总效益中分出技术要素比重，即第Ⅰ级技术效益分成结果——技术要素总分成率。

技术体系效益分成（第Ⅱ级）：按照技术要素在天然气勘探开发有形化技术树中所在第Ⅱ级的级序位置确定其基础功能价值；根据索洛生产函数原理和归一化原理，基于第Ⅱ级序中技术体系的特征向量及其财务数据提取，计算技术要素应用的第Ⅱ级效益分成比重——勘探开发技术体系效益分成。

技术系列效益分成（第Ⅲ级）：按照技术要素在天然气勘探开发有形化技术树中所在第Ⅲ级的级序位置确定其基础功能价值；根据索洛生产函数原理和归一化原理，基于第Ⅲ级序中技术系列的特征向量及其财务数据提取，计算技术要素应用的Ⅲ级效益分成比重——勘探开发技术系列效益分成。

单项勘探开发技术效益分成（第Ⅳ级）：按照技术要素在天然气勘探开发有形化技术树中所在第Ⅳ级的级序位置确定其基础功能价值；根据索洛生产函数原理和归一化原理，基于第Ⅳ级序中技术系列的特征向量及其财务数据提取，计算技术要素应用的第Ⅳ级效益分成比重——单项勘探开发技术效益分成。

在整个过程中，天然气勘探开发技术要素应用效益递进分成评估参数的确定为动态值，以当时的评估时点来确定评估参数基本财务数据的提取。

二、术语定义

下列术语和定义适用于本规范。

（一）天然气勘探开发技术要素应用效益递进分成

天然气勘探开发技术要素应用效益递进分成是以确定单元已经取得的储量或产量效益与价值为对象，按照要素分配原理，基于有形化技术树的层级结构，逐层进行技术要素效益分成。第Ⅰ级分成是按照要素分成，在总效益中分出技术要素比重，即技术要素总分成率；第Ⅱ级到第

N 级的效益分成,按照各技术要素在技术级序中的功能价值、依据不同的特征向量指标、逐级计算技术分成率,确定技术要素在各技术级序效益中的比重。由于天然气勘探开发技术要素应用效益分成顺袭天然气勘探开发技术树脉络、成自上而下递进式关系,是为天然气勘探开发技术要素应用效益的递进成分。

天然气勘探开发技术要素应用效益递进分成方法的基本原理式:

分成系数 = 技术要素基础功能价值 × 调整系数

(二)技术要素基础功能价值

天然气勘探开发技术要素基础功能价值是指单一技术要素在天然气勘探开发整个庞大的技术体系或技术群中能够发挥的功能作用与价值贡献量。对天然气勘探开发技术要素基础功能价值的确定是一个复杂的过程,需要立足天然气勘探开发技术系统整体视域来解析。

现有的天然气勘探开发有形化技术树[1],已经将天然气勘探开发技术体系分为技术体系层序、技术系列层序、单项技术层序,一定程度上是对技术存在级别序列、不同的级序中存在的不同贡献价值进行了相对确定。因此,基于有形化技术树的结构讨论技术要素在技术层级、技术体系、技术序列中的位置与贡献,是在现有条件下充分尊重技术在技术树中的功能价值与地位的最好途径,也使得以技术层级为依托进行效益的逐级分成具有了较好的科学性与合理性。

(三)分成调整系数

调整系数的引入,是在技术要素基础功能价值的基础上,通过特征向量指标的提取,能够更准确地反映出技术要素在确定作业过程中的价值量与贡献大小。

确定分成调整系数的特征向量指标,是立足财务数据、采用关键取值法能够提取的反映技术要素内在属性、本质特征与应用贡献度的一系列指标。主要以天然气勘探开发项目基础收益强度因子、总体科技投入成本强度因子、总体工程技术投入成本强度因子、总体科技的先进性要素累加强度因子等参数及其实际数据提取进行具体确定。

---

[1] 中国石油天然气集团有限公司科技管理部关于天然气技术有形化成果与经验总结,详见《天然气产业科技创新体系研究与实践——以西南天然气战略大气区建设为例》(2015)。

由于技术要素在技术级序中的地位不同、功能价值不同、贡献力度不同,因此,对每一级序的技术要素中特征向量指标涉及的参数取值都是完全不一样的。

三、评估基本原则

根据财政部有关法规,遵循客观性、独立性、公正性、科学性、合理性的评估原则。合理确定技术状态、参数,力求评估结果的准确。

(一)独立性

独立性原则是指评估机构应始终坚持第三者立场,不为资产业务当事人的利益所影响,评估机构应是独立的社会公正性机构。

(二)客观公正性

客观公正性原则要求评估结果应以充分的事实为依据。这就要求评估者在评估过程中以公正、客观的态度收集有关数据与资料,并要求评估过程中的预测、推算等主观判断建立在市场与现实的基础之上。

(三)科学合理性

选择适用的价值类型和科学的方法,制订科学的评估方案,使资产评估结果准确合理。在整个评估工作中必须把主观评价与客观测算、静态分析与动态分析、定性分析与定量分析相结合,使评估工作做到科学合理、真实可信。

四、评估流程

(一)基本情况调研

确定评估对象、范围;

对现有经营情况进行调研,包括投入、产出、效益等生产经营情况。

(二)勘探开发效益测算

1. 勘探开发效益评价范围

根据勘探开发气田(区块)评价对象来确定评价范围。

2. 评价期的确定

一般与开发方案保持一致。

3. 基准收益率 r

参照《中国石油天然气集团公司建设项目经济评价参数》(2018)的规定取值。

4. 勘探开发效益测算

勘探开发效益测算需要在它的全寿命周期内进行考虑，在此引进资金时间价值的概念——需要在它的全寿命周期内进行考虑，在此引进资金时间价值的概念——增量投资净现值（NPV）。根据投入产出的原理，测算年勘探开发投资、产量、销售价格、成本、税收等，计算评价期内的财务净现值，净现值为评价期内勘探开发效益（Q）。

$$Q = \sum_{i=1}^{n} Q_i (1+r)^{-i}$$

（三）勘探开发技术投入情况

1. 勘探开发总体科技投入（ϕ_{l_t}）

（1）勘探开发总投资中科研费用投入情况。根据该项目勘探开发总投资中科研费用投入进行统计，也可以按照科研费用占总投资的比例进行估算，一般取 20%~30%。

（2）科研项目经费投入情况。统计该项目勘探开发以来科技项目经费的投入，并按照勘探开发技术应用体系进行分类统计。

（3）科研机构管理费用投入情况。统计该项目勘探开发以来各科研机构费用投入情况，由于一般科研机构为综合性科研机构，服务对象不是单一的，一般可根据专业财务人员进行划分确定。

2. 勘探开发工程新技术投入成本（ϕ_{l_y}）

按照勘探开发技术应用体系分类情况，统计该项目勘探开发以来各新技术应用情况，也可根据相关专家意见进行打分确定。

（四）勘探开发技术的先进性要素投入（ϕ_{l_g}）

按照勘探开发技术应用体系分类情况，统计该项目勘探开发以来获奖情况，应用发明专利、应用实用新型专利等情况。

（五）勘探开发技术要素分成率测算方法

1. 1级技术效益分成率（T_1）

按照分成基本原理：

$$T_1 = A_1 e^{\phi_{l_m}} e^{\phi_{l_t}} e^{\phi_{l_y}} e^{\phi_{l_g}}$$
$$= A_1 e^{\phi_{l_m} + \phi_{l_t} + \phi_{l_y} + \phi_{l_g}}$$
$$= A_1 e^{\phi_l}$$

(1)总体技术要素的基础分成率(A_I)。按照"四分法"原理,本项目暂取$A_I=0.25$,作为勘探开发技术要素的基础分成率。

(2)天然气勘探开发项目基础收益强度因子(ϕ_{I_m})。参照《中国石油天然气集团公司建设项目经济评价参数》(2018年)确定。

(3)总体科技投入成本强度因子(ϕ_{I_t})。科技总投入占项目总投入的比重:

$$\phi_{I_t}=\frac{总体科技投入成本}{勘探开发项目投入成本}$$

(4)总体科技的先进性要素累加强度因子(ϕ_{I_g})。专利、专有技术、有形化技术、技术秘密以及获得省部级以上科技进步奖的技术等项目数量累加,每项可赋值0.001。

2. Ⅱ级技术效益分成率($T_Ⅱ$)

(1)第Ⅱ级技术要素基础功能价值($A_Ⅱ$)。天然气勘探开发技术树中技术体系的技术类别功能价值确定,如$A_{Ⅱ_i}$由技术体系中第i类技术的基础功能价值确定。

(2)体系中第i类技术投入成本强度因子($\phi_{Ⅱ_{ti}}$)。体系中第i类技术投入占技术体系投入成本的比重:

$$\phi_{Ⅱ_{ti}}=\frac{第i类技术投入成本}{技术体系投入成本}$$

(3)技术体系中第i类工程技术投入成本强度因子($\phi_{Ⅱ_{yi}}$)。体系中第i类工程新技术投入占第i类技术投入成本的比重:

$$\phi_{Ⅱ_{yi}}=\frac{第i类工程技术投入成本}{第i类技术投入成本}$$

(4)技术体系中第i类的先进性要素累加强度因子($\phi_{Ⅱ_{gi}}$)。技术体系中第i类技术先进性,包括专利、专有技术、有形化技术、技术秘密以及获得省部级以上科技进步奖的技术等项目数量累加,每项可赋值0.003。

3. Ⅲ级技术效益分成率($T_Ⅲ$)

(1)第Ⅲ级技术要素基础功能价值($A_Ⅲ$)。天然气勘探开发技术树中技术体系的技术类别功能价值确定，如 A_{III_i} 由技术体系中第 i 类技术的基础功能价值确定。

（2）体系中第 i 类技术投入成本强度因子（$\phi_{III_{ti}}$）。体系中第 i 类技术投入占技术体系投入成本的比重：

$$\phi_{III_{ti}} = \frac{第i系列投入成本}{技术系列投入成本}$$

（3）技术体系中第 i 类工程技术投入成本强度因子（$\phi_{III_{yi}}$）。体系中第 i 类工程新技术投入占第 i 类技术投入成本的比重：

$$\phi_{III_{yi}} = \frac{第i系列工程技术投入成本}{第i系列投入成本}$$

（4）技术体系中第 i 类的先进性要素累加强度因子（$\phi_{III_{gi}}$）。技术体系中第 i 类技术先进性，包括专利、专有技术、有形化技术、技术秘密，以及获得省部级以上科技进步奖的技术等项目数量累加，每项可赋值 0.006。

4. Ⅳ级技术效益分成率（T_{IV}）

（1）第Ⅳ级技术要素基础功能价值（A_{IV}）。天然气勘探开发技术树中技术体系的技术类别功能价值确定，如 A_{IV_i} 由技术体系中第 i 类技术的基础功能价值确定。

（2）体系中第 i 类技术投入成本强度因子（$\phi_{IV_{ti}}$）。体系中第 i 类技术投入占技术体系投入成本的比重：

$$\phi_{IV_{ti}} = \frac{第j技术投入成本}{第i系列投入成本}$$

（3）技术体系中第 i 类工程技术投入成本强度因子（$\phi_{IV_{yi}}$）。体系中第 i 类工程新技术投入占第 i 类技术投入成本的比重：

$$\phi_{IV_{yi}} = \frac{第j技术有效应用时间}{勘探开发项目评价期}$$

（4）技术体系中第 i 类的先进性要素累加强度因子（$\phi_{IV_{gi}}$）。技术体系中第 i 类技术先进性，包括专利、专有技术、有形化技术、技术秘密，以及获得省部级以上科技进步奖的技术等项目数量累加，每项可赋值 0.03。

（六）勘探开发技术要素效益分成

1. 第 I 级技术效益分成

勘探开发总体技术效益分成值（Q_I）为总体效益（Q）乘以第 I 级分成系数（T_I）。即第 I 级技术效益分成：

$$Q_I = QT_I$$

2. 第 II 级技术效益分成

勘探开发第 II 级技术效益分成值（Q_{II_i}）为总体效益（Q_I）乘以第 II 级分成系数（T_{II_i}）z。即第 II 级技术效益分成：

$$Q_{II_i} = Q_I T_{II_i}$$

3. 第 III 级技术效益分成

勘探开发第 III 级技术效益分成值（Q_{III_i}）为总体效益（Q_{II}）乘以第 III 级分成系数（T_{III_i}）。即第 III 级技术效益分成：

$$Q_{III_i} = Q_{II} T_{III_i}$$

4. 第 IV 级技术效益分成

勘探开发第 IV 级技术效益分成值（Q_{IV_i}）为总体效益（Q_{III}）乘以第 IV 级分成系数（T_{IV_i}）。即第 IV 级技术效益分成：

$$Q_{IV_i} = Q_{III} T_{IV_i}$$

五、评估报告编制

（1）气田勘探开发基本情况。
①勘探开发项目投入情况。
②勘探开发项目效益。
（2）勘探开发技术投入情况。
①勘探开发总投资中科研费用。
②科技项目经费。
③科研机构费用。
（3）勘探开发技术先进性情况。
（4）勘探开发技术效益分成评估。
①技术效益分成率测算。
②技术效益分成。
（5）结论。

第四章 天然气勘探开发技术要素市场化服务的收益分成评估方法研究

第一节 天然气勘探开发技术要素市场化服务收益分成评估原则

一、遵守技术评估相关法规

遵守社会主义市场经济规律，按照国家有关法规和资产评估操作规范要求，遵循客观性、独立性、公正性、科学性、合理性的评估原则及其他一般公允原则，维护技术要素市场化服务相关各方合法权益。技术要素市场化服务价值评估的实施不会违反国家法律及社会公共利益，也不会侵犯他人包括专利权在内的任何受国家法律依法保护的权利。技术要素市场化服务价值评估工作基于现有的市场情况和相关政策，不考虑目前不可预测的重大市场波动和政策变化。

客观公正性原则要求评估结果应以充分的事实为依据。这就要求评估者在评估过程中以公正、客观的态度收集有关数据与资料，并要求评估过程中的预测、推算等主观判断建立在市场与现实的基础之上。在对委托评估技术进行现场勘察的基础上，立足于财务和科技管理可量化视角，遵循指标选择和确定的可选择性、可操作性原则，合理确定技术状态、参数，力求准确估算委托评估技术的现时公允价值。

二、坚持第三方和独立评估兼顾的原则

在技术要素市场化服务价值评估工作中，应遵循独立性、客观性、科学性以及专业性原则，严格按照国家相关法律和法规进行评估操作，在不受外界干扰和评估有关当事人影响的前提下，第三方或独立评估应科学合理地对委托评估对象价值进行评定和估算。同时，根据技术资产的类别和实际情况，遵循技术利用预期收益原则和行业规定的其他公认原则。

评估人员在评估工作中，要坚持一切从实际出发，评估人员应认真进行调查研究，制订科学的工作方案，采用科学的评估程序和方法，依照中华人民共和国财政部和中国资产评估协会（简称中评协）颁布的资产评估准则中的基本原理，指导评估操作，科学、合理地进行资产评定与估算，得出合理、可信、客观、公正的评估结果。

三、遵循科学合理和技术利益主体变动原则

选择适用的技术价值类型和科学的方法，制订科学的评估方案，使资产评估结果准确合理。在整个评估工作中必须把主观评价与客观测算、静态分析与动态分析、定性分析与定量分析相结合，使评估工作做到科学合理、真实可信。

在技术要素市场化服务价值相关的评估工作中，应当要遵循利益主体变动原则，假定委托评估技术转让给受让方后，受让方按既定的目的、方式使用委托评估技术，在考虑受让方利用委托评估技术后所能获得的最大经济利益的基础上，确定委托评估对象的评估值。

第二节 天然气勘探开发技术要素市场化服务收益分成技术经济模型

一、天然气勘探开发技术要素市场化服务的内涵与主体

按照技术经济的研究范式，天然气勘探开发技术要素市场化服务是通过天然气勘探开发技术要素提供市场化服务从而产生的技术价值或价

值增值，表现为经济收益或超额利润，即是天然气勘探开发技术要素市场化服务收益。

因此，不同于科技成果转化应用过程中直接应用于天然气勘探开发作业流程从而实现储量和产量效益的技术要素，天然气勘探开发技术要素市场化服务是以天然气勘探开发技术资产与技术产品为提供服务的主体而言的。

（一）天然气勘探开发技术资产

天然气勘探开发技术资产是指能服务于天然气勘探开发相关作业或相关业务的综合类技术、软件类技术等技术型无形资产。其特征是本身不具有独立实体、有赖于一定的技术载体得以展现，在一定时期内能对特定主体的市场经济行为产生影响并为其带来经济效益的技术资源；并且，技术资产还必须具有获利能力，也就是说，一项技术成果只有当其可以为控制主体带来利润或超额利润时，才可以称其为技术资产。

从资产评估和天然气勘探开发技术服务实践的角度，天然气勘探开发技术可以分为专利技术、非专利技术以及包含专利和非专利技术的有形化技术三类。

1. 天然气勘探开发专利技术

天然气勘探开发专利技术是在原有的技术上进行方法改进或者提出新的技术解决方案，在一定时间内受到专利法保护的技术。

天然气勘探开发专利技术基本特征：

（1）天然气勘探开发专利技术的时限性。我国专利法规定：发明专利权的期限为20年，实用新型专利权和外观设计专利权的期限为10年，均自申请日起计算。专利技术受法律保护的时间有明确的限制，过了保护期，它就会变成社会的公共财富。

（2）天然气勘探开发专利技术的地域性。专利权的地域性是指一个国家授予的专利权，只在该国的领土范围内有效，受到该国专利法的保护，而不受其他国家法律的保护。

（3）天然气勘探开发专利技术的专有性。同一项天然气勘探开发技术只能授予一次专利权，同一内容的发明创造有两个以上的申请人时，只能授予最先申请的人，其余人不能获得相同的专利。

2. 天然气勘探开发非专利技术

天然气勘探开发非专利技术，又称技术秘密，是指发明者未申请专利或不够申请专利条件而未经公开的先进技术。天然气勘探开发非专利技术没有向有关管理机关注册登记，因而不受法律保护，只能靠其技术持有者采用保密方式维护其独占性，只要天然气勘探开发非专利技术没有泄漏于外界，就可以由其持有者长期享用，因而天然气勘探开发非专利技术没有固定的有效期。

天然气勘探开发非专利技术一般分为两种：一种是刚刚研究开发的新技术；另一种是行之有效的成熟技术，即已投入生产过程且效果良好，在评估的时候需要采用不同的方法区别对待才能更加准确地反映其价值。天然气勘探开发非专利技术（技术秘密）在技术市场上与天然气勘探开发专利技术一样，也是一种技术商品，具有与一般商品不同的特殊属性。

天然气勘探开发非专利技术的基本特征：天然气勘探开发非专利技术是一种成熟的、可传授的技术。其基本特征：（1）天然气勘探开发非专利技术的期限；（2）天然气勘探开发非专利技术的权利限制；（3）天然气勘探开发非专利技术是不公开的；（4）天然气勘探开发非专利技术的相关法律。

3. 天然气勘探开发有形化技术

技术有形化的相关概念与定义是由中国石油创造性地提出的，技术有形化是指把技术、产品、服务、解决方案、经验规律等物质或非物质形态的事物，通过标准化、规范化、流程化等知识管理手段和有效的表征手段，形成一种可以复制、生产和发表的显性形式，促进技术的传承、共享和商业化应用，实现技术价值最大化。简而言之，技术有形化就是从概念到方法，从抽象到具体，不断明确技术有形化的实质，深化技术有形化内涵的动态过程。技术有形化的技术对象既可包含专利技术，也可同时包含非专利技术。技术有形化主要包括两个层面：一个是"技术物质有形化"，即单纯的技术成熟度提高带来的"物质"意义上的存在和演变；另一个是单纯的表征成熟度提高带来的视听感受上的"技术表征有形化"。完全的技术有形化建立在两者同步均衡的发展基础之上。按照总体规划，中国石油分阶段有序地推进天然气勘探开发技术有形化工作，在专项技术有形化以及技术利器有形化项目上取得了重大成就。

（二）天然气勘探开发技术产品

天然气勘探开发技术产品与技术资产的不同之处，在于技术产品本身是有形的，不需要借由一定的技术载体才能得以实现有形化的技术展现，通常指天然气勘探开发产品加工类技术，例如某催化剂等。

天然气勘探开发技术商品与实物商品有着本质的不同：

（1）技术商品生产所需要的是人类通过长期的实践，从自然界和社会活动中获得的各种科学知识，这些知识储存于各种载体和人脑之中，并不断积累，形成技术生产的第一资源。而实物商品生产的原始资源却是天然形成的，与人类大脑无关。

（2）实物商品的生产要求具备一定场地和劳动对象（工具、设备、厂房等），而且劳动者和生产资料在生产过程中不能分离。技术商品生产具有相当的灵活性，一般不受场地约束。技术商品生产过程中的许多程序可以由相互紧密合作的个体分工独立进行。

（3）技术商品生产消费的劳动大多是脑力劳动，很少受肌肉疲劳的限制。因此，技术商品生产者每天的实际工作时间大大超过体力劳动者，因而其创造的价值远超过体力劳动者。

（4）从事实物商品生产的劳动者只要按照操作规程和工艺要求进行生产操作，即可生产出合格产品，并不需要精通他所生产的商品的原理和用途。而从事技术商品生产的劳动者必须接受更多专业知识教育和培训，否则难以进行技术生产。

（5）实物商品生产过程一般是熟练工种性质的，生产工序是一种重复循环，生产第二件同样产品只需要重复第一件产品的生产过程，成功率极高。技术商品生产的目标就是要研究开发出新的技术，或对旧的技术体系进行改造，是探索性、创新性的劳动，有很大的不确定性，需要冒着很大风险，才能取得成功。

（6）实物商品生产是消耗资源的过程，生产得越多，资源消耗也就越多。技术商品生产则与实物商品生产不同，除进行实验等要消耗物质资源外，对于知识性资源来说，它并没有被消耗掉，它的生产过程也是创造资源的过程，技术生产得越多，人类知识资源也就越多。

（7）技术商品生产具有很强的继承性和连续性。新的技术或技术体系在初始阶段又总是不成熟的，在投入生产运营以后，又会不断被改造和创新，不断完善，其可靠性、安全性、经济性不断提高。在这个反复的过程中，技术商品的性能呈螺旋上升态势，使得技术商品的生产既具有继承性又具有连续性。

二、技术要素市场化服务收益分成的技术经济模型架构

由于技术资产具有一次性生产的特点，无法通过比照同种资产的价格来确定其价值与价格；又由于技术资产的垄断性，很难单方面通过市场竞争机制发现其真实价格，需对技术的获利水平、技术水平、市场前景、转移条件、社会效益、寿命等多种因素进行综合分析，以确定技术要素市场化服务的价值含量。

从技术要素市场化服务的实践看，技术要素提供市场化服务的价值最终体现为货币收益，决定于新增利润能力和供需双方分成利润的经济行为。这是由于，技术要素服务收益分成高低的关键在使用该技术所产生的经济效益的大小，即可能带来的超额利润构成，故技术要素服务收益构成的最重要部分在于赢利，取决于利用该技术可能产生的经济效益预期越高，社会对该技术应用经济价值的认可程度高，则价格越高；反之，则价格越低，而不在于成本。

因此，结合前文关于天然气科技创新系统结构与绩效表征的分析，立足劳动价值理论、边际效用理论、技术要素供需理论等相关理论，采用技术经济评价思维，基于有效投入与有效产出视域，充分吸收主流油气科技绩效评估关于分成法、增量效益法、剥离法思想以及中国石油天然气集团有限公司技术价值化评估方法的相关研究成果应用与实践，参考天然气勘探开发技术要素应用效益递进分成评估的技术经济模型构建思路与原理，构建天然气勘探开发技术要素市场化服务收益分成的技术经济模型（图4-1）。

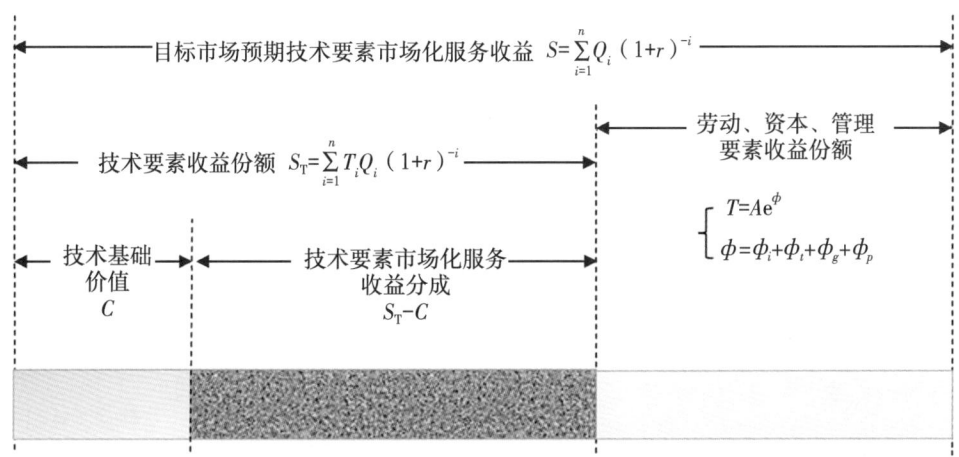

图 4-1 天然气勘探开发技术要素市场化服务收益分成的技术经济模型

如图 4-1 所示,对于天然气勘探开发技术要素市场化服务收益评估,遵从以下技术经济路径:

首先,据被评估的技术所在行业的发展趋势,预测企业在应用该技术后的未来利润总额。选取适当的折现率,对技术价值进行折现处理,即基于风险累加法的折现率(r)、预期收益年限(i),测算企业在技术经济寿命期的利润,即目标市场预期技术要素市场化服务收益(S)。

其次,引入技术分成率的概念,以技术的分成率代表技术服务方享有技术提供市场化服务后参与收益/利润分配的比例,即技术要素分成率(T);根据公式计算出技术要素收益份额(S_T)。

进而,根据全成本法计算出技术资产的基础价值(C)。

最后,根据(S_T-C)计算出技术要素市场化服务收益分成值。

第三节 天然气勘探开发技术要素市场化服务收益分成数学模型

基于天然气勘探开发技术要素市场化服务收益分成评估的技术经济模型,构建相对应的数学模型。

一、目标市场预期技术要素市场化服务收益(S)

采用技术要素分成收益法评估技术资产时,未来寿命期内的预期收益额是基本参数之一。预期收益总额是用以反映资产获利能力的综合指标，它是企业销售产品、提供服务和参与投资所得到的报酬。在技术资产评估业务之中，有两种含义的预期收益：利润总额或净利润。净利润即所得税后利润，相当于利润总额扣减所得税后的余额，又称企业净留利，是企业经营收益中可供企业自主支配的部分。但净利润计算涉及扣减所得税，难于计算，在技术资产价值评估中，建议不用净利润。因此，作为目标市场预期技术要素市场化服务收益值（S）的计算公式为：

$$S=\sum_{i=1}^{n}Q_i(1+r)^{-i} \quad （4-1）$$

式中　Q_i——技术第i年在目标市场产生的技术预期市场价值；

　　　r——折现率；

　　　i——预期的收益年限。

（一）基于风险累加法的折现率计算（r）

投资者投资于收益不确定的技术资产时，必然带有技术风险的成分，对于折现率的确定，应用风险累加法。风险累加法简单直观，便于操作，使用范围较广，既可用于单项技术资产评估，也适用于企业整体价值评估。

风险累加法的理论依据是当投资者愿意投资于某一风险性资产时，它必然会要求对其额外承担的风险及其额外的负担有所补偿。因此，风险累加法是将无风险的报酬率加上对各种风险及负担的补偿率作为折现率的一种方法。无风险报酬率的高低主要受社会平均利润率、资金供求状况和政府宏观调控的影响。

对天然气勘探开发技术而言，存在的风险一般包括技术风险、市场风险、生产风险、政策风险和其他风险，通过量化各种风险对折现率的影响，就可以确定天然气勘探开发技术这项资产风险报酬率。

$$技术评估的折现率 = 技术资产风险报酬率 + 无风险报酬率 \quad （4-2）$$

$$技术资产风险报酬率 = 技术风险报酬率 + 市场风险报酬率 + 生产风险报酬率 + 政策风险报酬率 + 其他风险报酬率 \quad （4-3）$$

评估技术资产时，一般选取社会平均资金收益率或行业平均收益率作为折现率。根据国家有关部门测算，原油、天然气开采业的行业基准收益率为12%。

对天然气勘探开发技术运用风险累加法时需要注意以下三个方面的问题：

（1）天然气勘探开发技术作为企业整体资产中的一部分，其面临的具体风险与技术受让企业所面临的风险是有内在联系的，但两者又不完全相同。

（2）在确定天然气勘探开发技术这一资产的折现率时，必须考虑评估目的以及收益额的计算基础与假设条件，考虑折现率与收益额之间是否匹配，计算收益额时的基础与假设条件以及评估目的等因素。

（3）要把影响风险累加法的因素，如宏观经济的运行态势、行业发展前景、市场状况、同类企业竞争情况等情况，但要注重计算口径问题。

（二）预期收益年限计算（i）

技术有明显的法律或合同寿命，由法律（合同）规定了其有效期或保护期。技术资产的寿命周期分为开发、成长、成熟和衰退四个阶段，决定技术资产剩余经济寿命的因素是其能带来超额收益的时间。确定技术资产剩余经济寿命一般采用法定（合同）年限法、更新周期法和剩余寿命预测法。

1. 法定（合同）年限法

法定（合同）年限法是根据法定（合同）寿命的剩余年限来确定剩余经济年限。

2. 更新周期法

更新周期法是根据技术资产的更新周期评估剩余经济年限，对部分技术来说，是比较适用的方法。更新周期有两大参照系：（1）产品更新周期，在一些高技术和新兴产业，科学技术进步往往很快转化为产品的更新换代；（2）技术更新周期，新一代技术的出现，替代现役的技术。此法通常根据同类技术资产的历史经验数据，运用统计模型来分析，而不是对技术资产逐一进行更新周期的分析。

3. 剩余寿命预测法

剩余寿命预测法则是直接评估天然气勘探开发技术尚可使用的经济年限。这种方法需要聚集有关技术专家、行业主管专家和技术运营专家，根据技术的可替代性、技术进步和更新趋势以及对应产品的市场竞争状况进行综合分析，进而形成预测。天然气勘探开发技术的经济寿命本身具有较大的随机性，所以不管采用何种方法来评估，实际上都是估算的，带有较大的不确定性。在技术行业，一般来说技术的经济寿命为 10 年左右。对于天然气勘探开发技术，由于多采用持续滚动投入方式，应采用积极的估算，通过具体调研和查看相关资料，可取 15 年左右。

（三）技术市场化服务预期利润（Q_i）

技术生命周期论将技术视为可买卖的商品，从而具有自身生命循环和向外转移倾向的理论。按照技术寿命周期来看，可划分为 6 个阶段（周期）：开发阶段（开发期）、技术验证阶段（验证期）、技术应用启动阶段（启动期）、技术扩张阶段（扩张期）、技术成熟阶段（成熟期）、技术退化阶段（退化期）（图 4-2）。

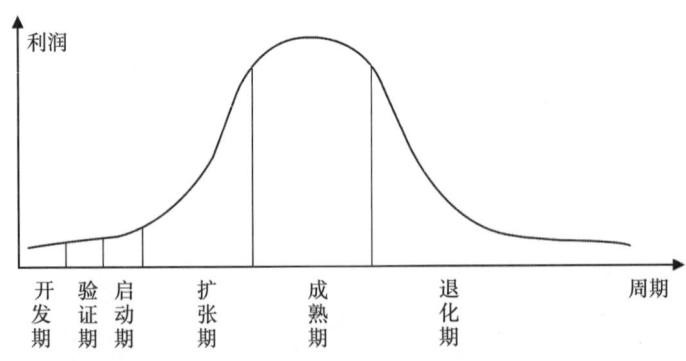

图 4-2 技术生命周期分布图

基于技术生命周期的利润，拟合为二次函数，即：

$$Y = aX^2 + bX + c \tag{4-4}$$

式中，a，b 和 c 为常数，且 $a<1$。

根据该技术应用的行业规划、地区规划等，以及该技术在未来市场竞争性情况，通过相关专家及评估专业人员共同测算未来市场应用情况、运营情况，预测出该评估技术未来寿命年限内的预期每年收益（R_i）。

$$R = R_1 + R_2 + \cdots + R_n \tag{4-5}$$

式中 R_1——技术未来第1年利润；

R_2——技术未来第2年利润；

R_n——技术未来第n年利润。

二、技术要素分成率

基于技术要素分成强度因子的分成率计算 T，有：

$$\begin{aligned} T &= AK_iK_tK_gK_p \\ &= Ae^{\phi_i}e^{\phi_t}e^{\phi_g}e^{\phi_p} \\ &= Ae^{\phi_i+\phi_t+\phi_g+\phi_p} \end{aligned} \tag{4-6}$$

式中 A——技术要素的基础分成率；

ϕ——技术要素分成调整指数。

（一）技术要素的基础分成率（A）

技术资产交易中确定利润分成率的主要依据是"三分说"和"四分说"。"三分说"认为企业所获收益是由资金、管理能力、技术这三个因素综合形成的，作用的权重均为1/3。"四分说"认为企业获得由资金、组织、劳动和技术这四个因素综合形成，作用权重各占1/4。联合国工业发展组织对发展中国家引进技术商品价格做了大量分析后认为，利润提成率一般取16%~27%较为适宜，在10%~30%范围内均属合理。一般认为技术提供方在技术需求方的利润中占1/4~1/3比较合理，最为明确的提法仅是坚持"四分法"的人认为每个因素的分成率应在25%左右。

因此，本书取 A=0.25，作为技术要素的基础分成率，它体现了技术要素在生产要素中的最基本价值定位。

（二）技术要素分成调整指数（ϕ）

国际惯例法确定的技术贡献率的缺点在于主观性太强，参数的确定完全依靠评估工作者的主观经验，直接确定为33%或25%显然是不合理的，不能体现不同专利技术在获利过程中所起的作用或贡献的差别。虽然联合国工业发展组织通过大量调查和统计对技术贡献率的取值范围加以确定并根据不同的行业情况加以区分，在参数确定的过程中却没有根据委托评估对象的实际情况将技术贡献率影响因素的影响程度加以量化调整，委托评估对象技术贡献率的取值依旧在行业取值范围内依靠评估人员的经验来调整。上述技术要素分成率的大小受到技术分成率主要由技术自身条件、技术的经济性状况、技术的市场化前景、技术的法律状况、技术转让方式和受让条件等诸多因素的影响。其关键因素是技术自身的获利能力、技术开发成本比重、技术资产风险等因素。因此，技术要素分成调整指数（ϕ）计算如下：

$$\phi = \phi_i + \phi_t + \phi_p + \phi_g \tag{4-7}$$

项目财务内部收益强度因子（ϕ_i）：

因我国行业基准收益率更新缓慢，无法反映真实的行业发展状况，故考虑项目财务内部收益率。

技术开发成本投入强度因子（ϕ_t）：

$$\phi_t = 技术研发投入成本 / 项目投入成本 \tag{4-8}$$

技术剩余寿命强度因子（ϕ_g）：

$$\phi_g = 技术剩余寿命年限 / 技术经济寿命 \times 100\% \tag{4-9}$$

专利技术有效贡献强度因子（ϕ_p）：

$$\phi_p = 专利技术总数 \times 专利技术有效贡献率 \div 100 \tag{4-10}$$

综上，技术要素分成率（T）的取值区间：

技术要素分成率（T）要小于科技贡献率，中国石油 2030 年科技贡献率拟达到 65%。按照式（4-6），当 $A=0.25$，假定 $\phi=1$ 时，$T=0.68$。实际上，ϕ 的实际取值在 0.5 左右，则 $T=0.41$。因此，$0.25 < T < 0.68$，这是比较符合实际情况。

三、技术要素基础价值（C）

根据技术价值评估的依据，考虑天然气勘探开发技术特殊性和技术研发持续投入的特点，天然气勘探开发技术资产价值全成本法的基本公式：

技术要素基础价值 = 技术资产全成本 − 技术资产功能性贬值 −
　　　　　　　　　技术资产经济性贬值　　　　　　　　　（4-11）

（1）技术资产全成本。包括技术资产重置成本、技术研发前期成本、技术研发过程风险成本以及其他技术成本。

（2）技术资产功能性贬值。功能性贬值，又称无形磨损贬值，是指由于技术进步而出现的性能更优越的新技术资产，使得原有技术资产逐渐淘汰而造成的贬值，经常表现为投资成本或运营成本的相对增加。

（3）技术资产经济性贬值。经济性贬值，是指因外部经济环境变化而导致技术应用受到限制、收益下降等造成的资产价值的无形贬损。

（一）技术资产全成本的计算

1. 技术资产重置成本

根据以上分析，可以利用技术资产的账面历史成本和价格变动指数对技术资产重置成本进行调查和估算。因此，技术资产重置成本计算公式为：

$$C_z = C_q \times \sum_{i=1}^{n} C_i \times E_i \bigg/ \sum_{i=1}^{n} C_i \qquad (4-12)$$

式中　C_z——技术资产的重置成本技术资产重置成本，包括研制开发或取得、持有期间的直接费用和间接费用支出；

　　　C_q——技术资产账面全成本；

　　　C_i——技术资产成本构成中第 i 种成本；

　　　E_i——技术资产成本构成中，第 i 种成本以购买日为基准到评估日的物价指数调整系数。

在进行技术资产评估时，主要考虑的成本因素有：

（1）技术资产账面成本。技术资产账面成本包括：技术研制开发成本、技术转移成本、技术机会成本、技术资产成本构成中物价指数等。

技术研制开发成本。天然气勘探开发技术依旧属于技术资产的一种类型，在计算其账面成本时依旧按照其开发过程中所实际耗费的直接成本和间接费用进行核算。直接成本主要包括：材料及能源动力费、专用设备折旧费、人工费以及信息资料费、外协费、咨询鉴定费、培训费、差旅费等其他直接费用。间接成本包括：管理费、通用设备等折旧费、摊销费。

材料及能源动力费。一项勘探技术的成功必定经过多次试验，该项勘探开发技术从初始研发到最终成功进行使用过程中所消耗的各种可直接归属于该项技术的物耗，包括原材料以及辅助材料等低值易耗品的采购及运输、装卸、整理等费用。由于天然气勘验技术一般需要大型设备进行辅助实验及更新改造。因此，在核算其账面成本时还要计算在研发过程中所产生的直接能源动力费用。

专用设备折旧费。专用设备是为了研发该项勘探开发技术或者在技术更新完善过程中所购买的需一次性计入成本的研究设备，例如仪表、各种测量仪器、以及计量装置、专用辅助技术工具等。

人工费。天然气勘探开发技术作为高价值的无形资产，脑力劳动占比较大。因此，对于人工费的计算显得尤为重要。对于直接归属于该项天然气勘探开发技术的技术开发人员的职工薪酬可以直接计入该项成本费用。

其他直接费用。信息资料费、外协费、咨询鉴定费、培训费、差旅费以及专利申请手续费等可直接归属于该项天然气勘探开发技术的成本费用。

管理费。在该项天然气勘探开发技术的研发和更新改造过程中，为组织协调科研工作而发生的开支，例如该项技术的科研管理人员办公费、管理费以及管理人员的非工资性支出。

通用设备等折旧费。在天然气勘探开发技术开发改造过程中，除了使用一次性计入成本的专用设备以外，对于其他大型通用机械设备，实验建筑物等固定资产，其成本不能全额计入该项天然气勘探开发技术。因此，可以将分摊的折旧费用纳入该项无形资产的成本。

摊销费。各种天然气勘探开发技术交错纵横，可能多项天然气勘探开发技术的研发同时进行。因此，对于不构成固定资产的，其他同时受益于多项开发技术的各项费用支出也按照比例进行分摊计入该项天然气勘探开发技术的成本。

（2）技术交易成本。为进行该项天然气勘探开发技术资产的交易成本主要包括：技术服务费、交易中的差旅费、管理费、有关手续费、交易的税金、广告宣传费和其他费用。

（3）技术机会成本。技术机会成本是指当转让天然气勘探开发技术而使技术所有权拥有方失去的将该项技术用于进行天然气项目投资而获取的收益。对于直接费用、交易费用和机会成本，能够直接计入该项天然气勘探开发技术的成本，但是对于间接费用，则需要进行分摊计入。

（4）技术资产成本构成中物价指数。天然气勘探开发技术在研发以及更新改造过程中利用现代科研和实验设备所产生的物质消耗和脑力劳动投入同样重要。因此，不能类似于一般的无形资产全部按照物耗价格指数进行调整。将其简单地划分为工资和其他物化劳动两类，由于工资费用与生活费用指数相关度较大，按照人工工资指数作为调整系数，调整该项专有技术资产的账面成本。而对于其他投入，则可以简单地将其全部作为物化劳动消耗，其与生产资料物价指数相关度较大，以物化劳动消耗指数作为调整系数，物化劳动消耗指数可用商品零售价格指数表示。一般情况下，价格指数变动常用国家公布的基准物价指数。

2. 技术研发前期成本

因技术重置成本能够获取在该技术创造时期的初始成本，而技术研究与开发过程中发生的费用从当期生产经营费用中列支，这就存在大量的账外技术资产。同时，即使部分技术资产计价入账，也仅仅是与相关的费用，而大量的前期费用，如培训、基础开发或相关试验费等并不计入该项天然气勘探开发技术的成本。因而，天然气勘探开发技术资产的账面成本是不完整的，存在技术研发前期成本应予考虑。

3. 技术研发过程配套成本

技术资产的出现带有较大的偶然性，可能在该项技术开发过程中进行大量的配套探索性的研究和试验，这些研究成果的研究和试验费用及如何承担也很难确定。这造成研究开发费用很难与需要评估的天然气勘探开发技术一一对应，加之天然气勘探开发过程中具有若干个技术或系列，每个技术的投入和产出难以完整区分，因而技术研发过程配套成本在技术基础价值评估中应予考虑。

（二）技术资产贬值的计算

天然气勘探开发技术的贬值具有无形性，但是由于技术进步等因素依旧会产生价值损耗，而功能性贬值和经济性贬值在形式上都可表示为随时间推移而贬值。

1. 技术资产的功能性贬值

功能性贬值，又称无形磨损贬值，是指由于技术进步而出现的性能更优越的新技术资产，使得原有技术资产逐渐淘汰而造成的贬值，经常表现为投资成本或运营成本的相对增加。技术资产的功能性贬值是由科技进步与经济因素变化带来的，其主要表现形式为：垄断性降低、竞争性减弱。因此，技术资产的功能性损耗可采用与经济寿命周期有关的方法，主要有直线折旧法和年数比例折旧法等。功能性贬值在形式上可表示为随时间推移而产生的价值降低。因此，技术资产的功能性损耗可采用与经济寿命周期有关的方法。

（1）直线折旧法（LS）。直线折旧法（LS）采用在技术资产的经济寿命期内，将成本平均分摊的方法计算，公式为：

$$技术资产功能性损耗 = 重置全价 \times 已使用年限 / 经济寿命 \quad (4\text{-}13)$$

（2）年数比例折旧法（SOYD）。年数比例折旧法（SOYD）这是一种加速折旧的方式，比较适合大多数技术资产的评估，因为技术扩散是加速度的。如经济寿命为 n，则年数比例折旧法中折旧年限（Y_{SOYD}）为：

$$\begin{aligned} Y_{SOYD} &= 1+2+\cdots+n \\ &= n(n+1)/2 \end{aligned} \quad (4\text{-}14)$$

$$技术资产功能性损耗 = 重置全价 \times 已使用年限 / Y_{SOYD} \quad (4\text{-}15)$$

运用使用年限法确定天然气勘探开发技术的功能性贬值，关键问题是如何确定该项技术资产的尚可使用年限。对于天然气勘探开发技术而已，若申请了专利则可将专利年限大致作为使用年限，对于尚未申请专利的勘探开发技术则可以将专家评估与技术更新周期法相结合，即对于每一项技术，通过专家或对此熟悉的技术人员评估该项技术的更新换代年限，从而确定一个大致的技术使用年限。

2. 技术资产经济性贬值

经济性贬值，是指技术资产因为外部经济环境变化而导致技术应用受到限制、收益下降等造成的资产价值的无形贬损。如市场需求的减少、原材料供应变化、成本上升、通货膨胀、技术资产闲置以及政策变化等因素都可能使原有资产不能发挥应有的效能而贬值。

天然气勘探开发技术作为专利技术和专有技术，在不断集成使用期间也会产生功能性贬值和经济性贬值，若是天然气勘探开发技术目前都处在正常的使用状态中，则不将经济性贬值作为天然气勘探开发技术成本的减项，而仅仅考虑天然气勘探开发技术的功能性贬值。

四、技术要素收益分成值（S_T-C）

综上，基于测算出的 S，T 和 C 等基本参数，根据式（4-16）：

$$S_T=\sum_{i=1}^{n}T_iQ_i(1+r)^{-i} \qquad (4-16)$$

假定每年的技术分成率相同，即 $T_i=T$（$i=1, 2, \cdots, n$），计算出技术要素收益份额（S_T）；

再根据（S_T-C），从目标市场服务收益的技术要素份额中，扣除技术的基础价值，得到技术要素市场化服务收益分成值。

第四节　天然气勘探开发技术要素市场化服务收益分成评估规范

一、总则

（一）范围

本规范适用于天然气勘探开发技术要素市场化服务价值评估、技术要素市场化服务收益评估与收益分成评估等。

（二）规范性引用文件

中国资产评估协会制定的《资产评估准则——无形资产》(2008年)。
中国资产评估协会制定的《资产评估操作规范意见（试行）》，1996

年中华人民共和国国家统计局编印的《中国统计年鉴》。

(三) 评估时点

评估过程中的一切取价标准均为评估基准日这一时点的价值标准。在技术要素市场化服务收益评估时,必须假定市场条件固定在某一时点,这一时点就是评估基准日,它为技术要素市场化服务收益分成提供了一个时间基准。

技术要素市场化服务收益分成的评估时点原则要求必须有基准日,而且评估值就是评估基准日的技术要素市场化服务收益。

(四) 总体思路

立足劳动价值理论、边际效用理论、技术要素供需理论等相关理论,采用有效投入与有效产出讨论有效分成的技术经济评价思维,充分吸收分成法、增量效益法、剥离法思想以及中国石油天然气集团有限公司技术价值化评估方法的相关研究成果应用与实践成果,构建了天然气勘探开发技术要素市场化服务的收益分成法。

天然气勘探开发技术要素市场化服务收益分成评估,原则上是在技术研发完成后进行应用的后评价行为,确切地说,是一种针对天然气勘探开发科技成果应用绩效的评估方法。该方法的总体思路是:

首先,据被评估的技术所在行业的发展趋势,预测企业在应用该技术后的未来利润总额。选取适当的折现率,对技术价值进行折现处理,即基于风险累加法的折现率(r)、预期收益年限(i),测算企业在技术经济寿命期的利润,即目标市场预期技术要素市场化服务收益(S);

其次,引入技术分成率的概念,以技术的分成率代表技术服务方享有技术提供市场化服务后参与收益/利润分配的比例,即技术要素分成率(T);根据公式计算出技术要素收益份额(S_T);

进而,根据全成本法计算出技术资产的基础价值(C);

最后,根据(S_T-C)计算出技术要素市场化服务收益分成值。

在整个过程中,天然气勘探开发技术要素市场化服务收益分成评估参数的确定为动态值,以当时的评估时点来确定评估参数基本财务数据的提取。

二、术语定义

下列术语和定义适用于本规范。

(一) 天然气勘探开发技术要素市场化服务主体

不同于科技成果转化应用过程中直接应用于天然气勘探开发作业流程从而实现储量和产量效益的技术要素，天然气勘探开发技术要素市场化服务是以天然气勘探开发技术资产与技术产品为提供服务的主体而言的。

天然气勘探开发技术资产是指能服务于天然气勘探开发相关作业或相关业务的综合类技术、软件类技术等技术型无形资产。从资产评估和天然气勘探开发技术服务实践的角度，天然气勘探开发技术可以分为专利技术、非专利技术以及包含专利和非专利技术的有形化技术三类。

天然气勘探开发技术产品与技术资产的不同之处，在于技术产品本身是有形的，不需要借由一定的技术载体才能得以实现有形化的技术展现，通常指天然气勘探开发产品加工类技术，例如某催化剂等。

(二) 天然气勘探开发技术要素市场化服务收益

天然气勘探开发技术要素市场化服务收益是通过天然气勘探开发技术要素提供市场化服务从而产生的技术价值或价值增值，表现为经济收益或超额利润，即是天然气勘探开发技术要素市场化服务收益。

天然气勘探开发技术要素市场化服务收益，是通过计算该技术预计产生的直接经济收益为基准确定的，也是进行技术要素市场化服务收益分成评估的前提。

天然气勘探开发技术要素市场化服务（预计产生的直接经济）收益确定，原则上应包括技术要素分成率、技术第 i 年在目标市场产生的技术预期市场价值、技术第 i 年分成的技术预期市场价值、折现率、预期的收益年限等关键指标的确定。

(三) 天然气勘探开发技术要素市场化服务收益分成

天然气勘探开发技术要素市场化服务收益，是根据技术要素提供市场化服务后产生的预期收益中，进行技术要素价值的分成。若要与天然气勘探开发技术要素应用效益递进分成法比较而言，技术要素市场化服务收益分成为一级分成方法，也就是在该收益中确定出技术要素相对于其他众多要素的价值量。

确定不同的技术要素市场化服务收益分成值的核心，就在于针对不同的技术要素选取反映其本质特征与内在属性的技术要素分成调整指数。技术要素分成调整指数的确定，包括项目财务内部收益强度因子、技术开发成本投入强度因子、技术剩余寿命强度因子、专利技术有效贡献强度因子等重要参数，需要根据技术要素的具体情况、提取具体财务数据进行核算。

三、评估基本原则

根据中华人民共和国国家财政部有关法规，遵循客观性、独立性、公正性、科学性、合理性的评估原则。合理确定技术状态、参数，力求评估结果的准确。

（一）独立性

独立性原则是指评估机构应始终坚持第三者立场，不为资产业务当事人的利益所影响，评估机构应是独立的社会公正性机构。

（二）客观公正性

客观公正性原则要求评估结果应以充分的事实为依据。这就要求评估者在评估过程中以公正、客观的态度收集有关数据与资料，并要求评估过程中的预测、推算等主观判断建立在市场与现实的基础之上。

（三）科学合理性

选择适用的价值类型和科学的方法，制订科学的评估方案，使资产评估结果准确合理。在整个评估工作中必须把主观评价与客观测算、静态分析与动态分析、定性分析与定量分析相结合，使评估工作做到科学合理、真实可信。

四、评估流程

（一）技术基础价值评估

第一，分别从拥有该技术的公司报表中获取资料数据，计算天然气勘探开发技术资产账面成本全价，包括：研发前期成本、直接成本、间接成本、交易成本、机会成本。

技术资产账面成本全价（C）= 研发账面成本 + 技术资产交易成本 +
机会成本

第二，利用技术资产的账面历史成本和价格变动指数对技术资产重置成本进行调查和估算。

第三，计算技术资产的功能性贬值。

第四，计算技术资产的经济性贬值。

第五，技术的基础评估值为重置成本减功能性贬值和经济性贬值，即：技术基础评估值 = 重置成本（P）- 功能性贬值 - 经济性贬值。

（二）技术收益值预测

基于技术生命周期的利润，拟合为二次函数，即：

$$Y=ax^2+bx+c$$

a，b 和 c 为常数，且 $a<1$。

根据该技术应用的行业规划、地区规划等，以及该技术在未来市场竞争性情况，通过相关专家及评估专业人员共同测算未来市场应用情况、运营情况，预测出该评估技术未来寿命年限内的预期每年收益（R_i）。

$$R=R_1+R_2+\cdots+R_n$$

式中　R_1——技术未来第1年利润；

　　　R_2——技术未来第2年利润；

　　　R_n——技术未来第n年利润。

（三）折现率的确定

这里采用因素分析的风险累加法，计算公式如下：

资产收益率（折现率r）= 风险报酬率（行业风险报酬率 + 财务风险报酬率 +
经营风险报酬率 + 其他风险报酬率）+
无风险报酬率

风险报酬率参考国家国有资产管理局发行的《资产评估操作规范意见+》的建议取值范围折中可得，"近一段时间内，除有可靠凭据表明确实具有高收益水平或高风险以及确有特殊情况之外，折现率取值不超过 15%"。

无风险报酬率的高低主要受社会平均利润率、资金供求状况和政府宏观调控的影响，一般采用国债利率。

（四）收益期限的确定

确定天然气勘探技术的剩余经济寿命一般采用法定（合同）年限法、更新周期法和剩余寿命预测法这三类方法。可选用剩余寿命预测法，依据技术的可替代性、技术进步和更新趋势以及对应产品的市场竞争状况进行综合分析，并根据研发方技术专家的意见进行确定，预测该评估技术剩余的经济寿命（n）。

（五）技术要素分成率的确定

根据索洛生产函数原理和技术要素分成率的主控因素，并依据国内外利润分享法的经验，建立的技术要素分成率计算公式（$T=AK_iK_tK_gK_p=Ae^{\phi_i}e^{\phi_t}e^{\phi_g}e^{\phi_p}$），各参数的选取如下：

A ——技术要素的基础分成率，按照"四分法"认为每个因素的分成率应在 25% 左右；

ϕ_i ——项目收益率强度因子，参照《中国石油天然气集团公司建设项目经济评价参数（2018）》行业内部收益计取；

ϕ_t ——技术开发成本投入强度，等于技术研发投入成本 /（技术研发投入成本 + 技术配套费用），也可按照该技术行业中技术开发成本投入强度系数进行测算，在技术应用项目投入不确定的情况下投入强度系数可按 10%~40% 计取，技术应用的配套费低，投入强度系数大，反之则低；

ϕ_g ——专利技术有效贡献强度系数，为专利技术数总数与专利贡献率之积，其中专利贡献率取 0.4%~0.8%；

ϕ_p ——技术剩余寿命强度系数，按照技术剩余寿命进行测算。

（六）技术要素市场化服务收益分成评估

折现额根据 NPV 折现公式得：

$$S=\sum_{i=1}^{n}Q_i(1+r)^{-i}$$

每年的技术分成率相同，即 $T_i=T$，有：

$$S_T=\sum_{i=1}^{n} T_i Q_i (1+r)^{-i}$$

技术要素市场化服务收益分成值为目标市场服务收益的技术要素份额减去技术基础价值，即（S_T-C），得到技术要素市场化服务收益分成评估结果。

五、评估报告编制

（一）技术研发及应用概况

基本情况主要包括：(1) 技术名称；(2) 研发时间；(3) 研发人员情况；(4) 技术专利及获奖情况等。

技术应用主要包括技术类型、技术作用、技术运营现状、行业竞争分析等。

（二）技术要素市场化服务收益分成评估

技术基础价值评估、对技术要素市场化服务预期利润计算、技术分成率计算、技术收益法价值评估等。

（三）评估结论

根据评估过程，市场化服务收益的技术要素收益份额，扣除技术基础价值，得到技术要素市场化服务收益分成值。

第五章 天然气勘探开发科技研发体系建设绩效评估方法研究

第一节 天然气勘探开发科技研发体系建设绩效评估对象及资源配置

一、科技研发机构体系

（一）科技研发机构体系建设绩效评估重点

科技机构主要是以服务于天然气勘探开发主要业务服务而从事的科技项目与技术研发、现场试验、科技服务、科技决策咨询与研究等活动的单位的总称。就西南油气田而言，主要的科技机构包括勘探开发研究院、工程技术研究院、天然气研究院、安全环保与技术监督研究院、页岩气研究院和天然气经济研究所"五院一所"以及7个二级科研单位（重庆气矿地质研究所和工艺研究所，蜀南气矿勘探开发研究所和工艺研究所，川中油气矿的勘探开发研究所，川西北气矿的地质勘探开发研究所，输气管理处的工艺技术研究所）。本书考虑天然气勘探开发科技绩效评估中的研发体系绩效，主要是以"五院一所"为对象。

基于"五院一所"的天然气勘探开发科技机构的绩效评估，是立足"五院一所"的机构品牌建设、机构研究效率、人才结构、资产结构、专利发明、社会影响力等方面，客观、全面地评价天然气勘探开发科技机构的科技研发实力和运行绩效,是从整体上对天然气勘探开发科技机构内在价值的判断。这种价值判断,不仅可以从更高、更深的层次上把握天然气勘探开发科技机构整体科技创新实力的大小和对社会、经济服务的成效,有利于按科技优势的强弱分配科技资源和按不同类型的机构进行分类指导;而且有利于天然气勘探开发科技机构认识自身的长处与不足,紧密按照需求导向,适时调整科研方向,努力提高自身素质和整体功能,不断提高面向社会和经济主战场的活力。此外,通过对天然气勘探开发科技机构进行评估,可以形成一种有利于宏观调控的激励机制,成为一种促进竞争,引导发展的动力。

(二)科技研发机构体系资源配置情况

1. 三级科研机构组织体系

西南油气田公司目前已建设形成6个直属科研院所、3个技术支持中心、8个以支撑现场生产为主的三级科研机构的科技创新组织体系,如图5-1所示。

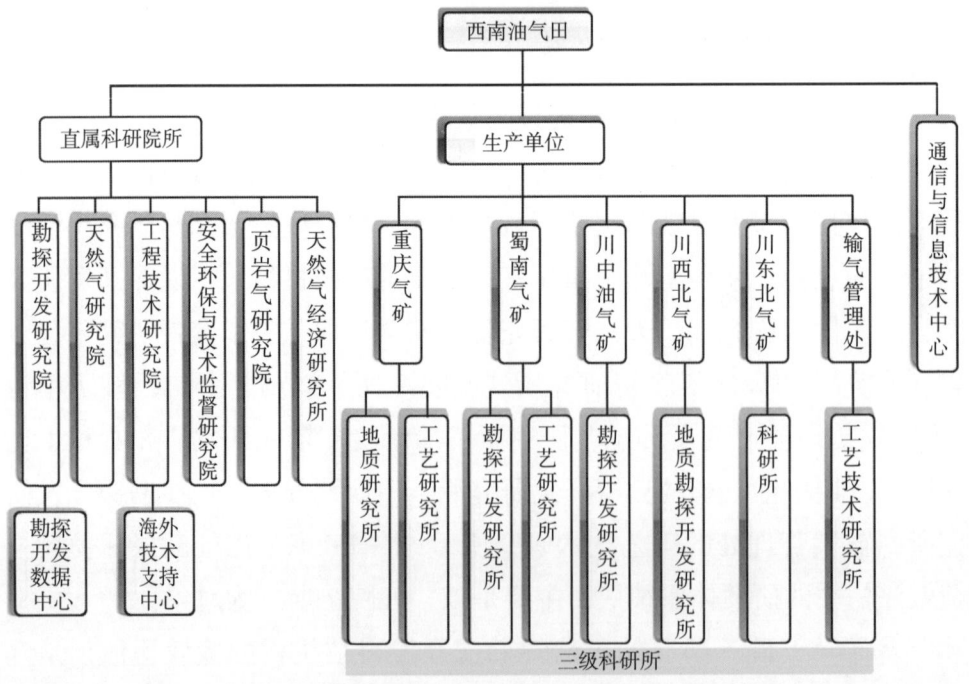

图 5-1 西南油气田公司科技组织体系情况

勘探开发研究院：围绕西南油气田公司发展目标，开展油气资源评价及勘探、油气开发科技攻关，编制西南油气田公司中长期勘探开发规划、年度部署、油气田开发方案及调整方案。

天然气研究院：紧密结合天然气生产特点，开展天然气分析测试与标准化及能量计量技术、天然气净化及硫黄回收技术、高酸性天然气勘探开发腐蚀与防护技术、天然气勘探开发储层改造增产液体技术、天然气开发地面工程技术应用技术研究。

工程技术研究院：针对天然气开发生产，开展油气井工程、采气工艺、增产工艺及配套工具研制、软件开发应用，采气及增产技术室内实验评价、工程技术推广等攻关。

安全环保与技术监督研究院：主要针对酸性气田开发中安全、环保、储运技术难点，以安全环境评价、管道完整性管理为手段，开展勘探、开发、地面建设应用技术攻关。

页岩气研究院：是集页岩气勘探、开发、钻井、完井与压裂、信息与情报为一体的综合研究单位，主要负责公司页岩气勘探开发的地质研究、规划部署、方案设计、技术优选、现场服务、人才培养。

天然气经济研究所：是中国石油天然气集团有限公司唯一的一家从事天然气经济研究的机构。主要开展天然气市场与价格研究、企业经营管理研究、经济信息研究、技术经济咨询等研究，为西南油气田公司经营管理决策提供技术支撑。

通信与信息技术中心：主要负责信息系统建设和运维；二级单位信息技术支持；信息安全支持；集团西南区域中心运行管理。

勘探与生产数据中心：挂靠勘探开发研究院，主要负责中国石油天然气集团有限公司、西南油气田公司统建统推的勘探开发、管道场站、地理信息等专业系统、数据资源和集群计算系统的建设、应用和运维管理。

海外技术支持中心：由5个研究院所联合组成，主要负责为阿姆河天然气勘探开发提供技术支持和服务；承担或参与海外天然气项目技术和人才培训。

生产单位科研所：结合生产实际和需要开展地质、开发及工艺等应用技术研究及推广，为现场生产提供技术支撑和服务。

2. 科研机构人员配置

科技创新人才队伍建设是科技创新体系建设的根本，没有人才，科技创新就成了无源之水。人才发展的主要目标是优化科技人才梯级结构，积极推进领军人才、创新人才和国际化人才3支队伍建设，是增强企业综合竞争力和自主创新能力的重要组成部分。为此，公司一直致力于加大专业人才的吸引、选拔、培养和使用工作力度，努力构建各类人才脱颖而出、各展其能的平台，分层次、分专业开展天然气科技人才专业培训，积极组织各类学术、技术交流活动，扩大科技人才视野，提升队伍整体素质；建立以勘探、开发主营业务为核心的专业门类齐全的技术队伍，按照业务层次培养和造就各专业领域的技术带头人，提高专业技术人才的自主创新能力，全力打造一支勇于创新、业务过硬、结构优化的科技人才队伍；重点培养技术带头人，逐步建立分层次、专业配套的专家队伍。优化专业结构，形成合理的科技人才梯级结构。

截至2018年底，公司科研机构从业人员中，从事科技活动人员占总科研队伍的86%；从事科技活动人员的结构中看，高中级技术职称人员占从事科技活动人员总数的69%，无高中级技术职称的大学本科及以上学历人员占11%，科技管理人员占17%，科技服务人员占16%。

二、科技研发平台体系

（一）科技研发平台体系建设绩效评估重点

天然气勘探开发科技研发平台，是为了便于开展科学研究、科技重大突破、实现科技长远发展和科技自主创新而汇集具有科技关联性的多主体创新要素形成的一定规模投资额度与条件设施。科技研发平台是基于创新主体协同合作的网络信息资源价值创造平台，对于推动天然气勘探开发科技创新、科技成果水平提升、核心竞争力的提高都有重要作用，主要包含实验室平台和博士后工作站两部分。

实验室平台建设：遵循"边建设、边运行、出成果"的原则，已建成的重点实验室和试验基地承担了多项国家和中国石油重大攻关项目，取得了一批重要的科研成果，形成了一批具有自主知识产权的专利技术和产品，获得了多项国家、集团和西南油气田科技奖励；在天然气勘探开发基础研究、关键技术研究、现场试验等方面取得了突破，提出了一些新理论和新认识，加速了技术的推广和产业化，有力支撑了西南油气田的重大科技攻关；重点实验室建设运行以西南油气田天然气勘探开发主营业务发展为导向，针对西南油气田天然气勘探开发现场面临的技术难题开展室内测试评价，解决了阻碍现场生产的技术难题，一批新工具、液体及工艺技术经过室内评价和中试试验成功应用于现场，为西南油气田的天然气安全高效开发奠定了基础。

博士后工作站：近几年来取得了一批重大的创新成果，在生产应用中取得了显著成效；培养了一批高素质学科带头人，促进了学术交流和相关学科的发展。因此，对科技研发平台的绩效评估，重点在于科技研发平台建设对于提高科技创新能力的核心支撑作用和对研发体系竞争力的贡献上。

（二）科技研发平台体系资源配置情况

科技创新平台是基于创新主体协同合作的网络信息资源价值创造平台，不仅创新主体受益，对社会来说也是如此。组织现有的分析技术可以凝练出新知识，组织内部交流、共享、学习知识和技术，多方面的促进平台创新水平。科技创新平台主要包括实验室平台和博士后工作站两部分。

1. 重点实验室

西南油气田公司的实验室建设始于20世纪50年代初的地质实验室和开发实验室，经过不断发展完善，当前，公司直属科研院所已初步建成了学科和功能基本配套、装备较为先进的实验基础平台，初步建成国家、省、集团、西南油气田公司"四位一体"的科技创新基础平台，显著提升科技创新能力和水平。

2. 博士后工作站

博士后科研工作站由科技处和人事处组成的博士后管理办公室负责日常工作，工作站下辖6个博士后分站，分别是勘探开发研究院博士后分站、天然气研究院博士后分站、工程技术研究院博士后分站、安全环保与技术监督研究院博士后分站、天然气经济研究所博士后分站和输气管理处博士后分站。专业面涵盖西南油气田公司全部主体专业方向。截至2018年，公司博士后工作站累计培养博士后人员中，博士后留用数（含在站）占84%。公司博士后人才引进和培养方面成效显著，公司博士后工作站多次得到省人事厅、高等院校和企业的高度评价。博士后科技创新能力得到全面提升，博士后工作站已经成为西南油气田公司高水平人才培养和自主创新的重要平台。

三、技术发展体系

（一）技术发展体系建设绩效评估重点

天然气勘探开发科技研发体系中的技术发展体系，有别于天然气勘探开发科技成果转化应用体系中的技术体系，这里的技术发展体系是研发形成的科技产品或成果，通过中试、专利或内部确权，已经形成具有自身价值的科技产品或成果，但是还没有进行大规模的现场应用，确切地说是在规模转化应用前的科技产品或成果。天然气勘探开发科技成果转化应用体系中的技术有形化体系，是已经经过大规模现场应用、促进取得经济效益的科技成果，具有本质上的区别。

天然气勘探开发科技研发体系中的技术发展体系，目标在于通过加强自主创新，重点项目的科技攻关和综合研究，通过持续的攻关组织和加大科技投入，在地质认识、工程技术、气藏工程等方面需要持续开展科技攻关，实现关键技术突破，解决围绕主营业务发展的关键和瓶颈技术难题，不断丰富和完善天然气勘探开发科学理论与技术体系。因此，技术发展体系的绩效评估，重点在于：前沿技术的技术前瞻性、战略性、探索性与先进性，基础研究的理论突破与进步性，勘探开发重大装备的自主设计、制造和系统集成能力等方面。

（二）技术发展体系资源配置情况

10大专业方向形成12个技术系列共96项特色技术：公司科研领域涵盖地质勘探、工程技术、油气田开发、页岩气勘探开发、地面工程、天然气净化与化工、HSE 与节能减排、质量与计量、信息技术、经济与管理等从上游到下游的十大专业方向。通过持续的攻关组织和加大科技投入，不断攻克各项瓶颈技术难题，突出技术优势，在 12 个技术系列形成 96 项特色技术。其中海相克拉通盆地台内裂陷形成、演化重建等 3 项技术达到国际领先水平；高温、高压、大产量、酸性气井完井技术等 18 项技术达到国际先进水平；页岩气有利区优选技术等 63 项技术达到国内领先水平；天然气价格研究技术等 12 项达到国内先进水平。

知识产权形成增长态势。强化布局和成果培育，以各级科技攻关项目为载体，突出攻关全过程的知识产权形成、保护和管理，实现由看重数量到注重质量的转变，成绩屡创新高，不断提高西南油气田核心竞争力。针对重点领域有计划、有步骤地推进专利申请，将知识产权工作贯穿于科技攻关全过程，鼓励申报发明专利和国外专利，进一步提升知识产权创造、应用、管理和保护能力。以地球物理技术、增产改造工艺技术、排水采气工艺技术、油气田开发化学技术、天然气净化脱硫技术等特色技术系列为重点，进行专利群布局，形成地球物理技术、页岩气增产改造技术、排水采气技术、油气田开发化学技术、天然气脱硫技术和硫黄回收技术等特色技术专利群。

第二节　西南油气田公司现有科技研发体系评估现状及解析

一、科研单位分类管理与评价体系

西南油气田公司科研单位分类管理与评价体系，充分考虑各单位的业务特点，突出反映效益效率、投资工作量大小，体现管理幅度、管理难度、管理责任和单位贡献，设置了六大类指标进行分类量化评价，明确划分评价标准，以便适当兼顾单位在不同发展阶段的客观情况和管理现状，充分调动所属单位积极性，促进有质量、有效益、可持续发展，见表 5-1。

表 5-1 西南油气田公司单位分类管理指标体系

一级指标	权重	二级指标
效益	0.25	收益总额
		利润总额
		人均利润增加（减亏）量
投资（大修）工作量	0.2	
安全风险指标	0.15	一类风险单位
		二类风险单位
		三类风险单位
技术复杂性	0.15	勘探开发
		管输与销售
		科技创新及应用
管理复杂性	0.15	覆盖区域
		员工人数
		管理难度
边远艰苦程度	0.1	川渝地区
		川渝以外

单项指标分别设置了相应的分值与计算标准，分别乘以该指标权重，相加后得出综合评价分，计算公式为：

$$综合评价分 = \sum（单项指标分值 \times 指标权重） \quad (5-1)$$

二、科研院所关键绩效考评体系

科研院所关键绩效考评体系是公司对科研院所的重要考核评价制度，以年度为单位，对西南油气田公司所属科研院所进行年度关键绩效考评。

根据 2018 年各科研院所年度业绩合同要求，整理西南油气田公司科研院所关键绩效指标体系见表 5-2。

表 5-2　西南油气田公司科研院所年度关键绩效考评指标体系

类别		关键绩效指标	权重(%)		目标值①	考核部门
勘探开发研究院	效益类	销售及管理费用	20	20	**	财务处
	营运类	探井综合成功率	80	15	**	油气资源处
		开发井有效率/滚动评价井成功率		20	**/**	开发部
		新增天然气储量		20	新增油气证实储量、探明储量；控制储量、预测储量等	油气资源处
		科技计划完成率		10	项目、总结；新技术新产品推广	科技处
		两金（应收款项与存货）压控		5	按西南油气田公司相关文件执行	财务处
		QHSE 绩效考核		5	**	质量安全环保处
		人工成本计划执行率		5	**	劳动工资处
天然气研究院	效益类	销售及管理费用	20	20	**	财务处
	营运类	科技计划完成率	80	20	**	财务处
		流量计量检定检测计划完成率		15	**	质量安全环保处
		天然气净化装置技术支撑保障率		15	**	开发部
		气田动态分析及腐蚀防腐任务完成率		10	**	开发部
		两金（应收款项与存货）压控		5	按西南油气田公司相关文件执行	财务处
		QHSE 绩效考核		10	**	质量安全环保处
		人工成本计划执行率		5	**	劳动工资处
工程技术研究院	效益类	销售及管理费用	20	20	**	财务处
	营运类	科技计划完成率	80	20	**	科技处
		井工程质量合格率		15	**	工程技术处
		工艺井设计完成率		15	**	开发部
		工艺井设计符合率		10	**	开发部
		两金（应收款项与存货）压控		5	按西南油气田公司相关文件执行	财务处
		QHSE 绩效考核		10	**	质量安全环保处
		人工成本计划执行率		5	**	劳动工资处

续表

类别		关键绩效指标	权重(%)		目标值①	考核部门
安全环保与技术监督研究院	效益类	销售及管理费用	20	20	**	财务处
	营运类	科技计划完成率	80	20	**	科技处
		工程质量监督完成率		10	**	基建工程处
		管道完整性管理监督完成率		5	**	管道管理部
		管道完整性管理技术支撑保障率		5	**	开发部
		HSE重点工作完成率		15	**	质量安全环保处
		两金（应收款项与存货）压控		5	按西南油气田公司相关文件执行	财务处
		QHSE绩效考核		15	**	质量安全环保处
		人工成本计划执行率		5	**	劳动工资处
天然气经济研究所	效益类	销售及管理费用	20	20	**	财务处
	营运类	科技计划完成率	80	20	**	科技处
		经济评价成果采纳率		25	**	规划计划处
		川渝地区天然气市场预测符合率		20	**	营销部
		两金（应收款项与存货）压控		5	按西南油气田公司相关文件执行	财务处、营销部、资本运营部
		QHSE绩效考核		5	**	质量安全环保处
		人工成本计划执行率		5	**	劳动工资处

① "**"为保密内容。

三、西南油气田公司科研综合考评体系

为鼓励各院所提高科研管理水平和自主创新能力，将对科研院所能力评价设置为年度评价体系。根据分类评价原则，依据西南油气田公司各科研院所及生产单位科研单位，在推动西南油气田公司经营技术发展中发挥的职能和作用设计分类型的评价体系。

西南油气田公司科技机构评价对象分为两大类：一类是技术开发类科技机构，主要从事以科技应用开发为主的科研院所；另一类是生产单位的科研单位，从事解决现场生产实际技术问题的研究机构，见表5-3。

表 5-3　西南油气田公司科研考评体系综合指标体系

考评类别	一级指标		二级指标	
	指标	权重	指标	权重
科研院所年度科技工作考核指标体系	科技计划完成	0.1	计划完成率	1
	科技成果应用	0.1	科研成果应用率	1
	科技经费控制	0.2	科研经费控制率	0.5
			科研项目预算经费和决算经费符合率	0.5
	科技质量控制	0.1	科研项目综合考评分数	1
	科技水平提高	0.15	科研项目获奖情况得分	0.033
			论文发表得分	0.033
			获得专利	0.033
	科研能力提高	0.25	高级职称占科研人员总数比	0.2
			专家数	0.2
			学术性奖励	0.2
			优秀科技人才	0.2
			博士后留用数	0.2
	ERP 及内控管理	0.1	ERP 管理与规定符合率	1
科研管理能力考评指标体系	项目管理能力	0.33	计划管理	0.25
			控制管理	0.25
			成果管理	0.25
科研管理能力考评指标体系	项目管理能力	0.33	经费管理	0.25
科研管理能力考评指标体系	基础管理能力	0.33	机构与人员	0.2
			制度与办法	0.2
			科研合同外协管理	0.2
			知识产权管理	0.2
			科研项目文本规范管理	0.2
	组织管理能力	0.33	科研项目组织协调管理	1

续表

考评类别	一级指标		二级指标	
	指标	权重	指标	权重
科技创新能力考评指标体系	科研质量	0.1	科研项目综合考评分数	1
	科研水平	0.15	西南油气田公司获奖得分	0.33
			中国石油天然气集团有限公司与省级获奖得分	0.33
			国家获奖得分	0.33
	自主创新	0.2	论文发表得分	0.6
			获得专利	0.4
	实验室水平	0.3	实验室级别	0.33
			实验室装备程度	0.33
			实验室利用程度	0.33
	科研人才	0.1	专家数	0.6
			博士后留用数	0.4
	国际学术会议	0.05	国际学术会议	0.05
	国家或省部级项目	0.2	国家级	0.5
			中国石油天然气集团公司及省部级	0.5

四、现有科技研发体系评估评价研究的思考与改进

（一）公司已建立相关科研评价体系并发挥了良好作用

长期以来，公司高度重视科技研发机构建设，依据公司创新驱动发展战略目标与生产业务实际需求，大力推进科技创新，不断增强对科技研发机构相关投入，取得了良好效果，通过增储上产、提质增效等目标的实现，研发建设成效得到了充分的印证。当前，已经形成了对科研单位的分级分类管理标准、对西南油气田公司所属科研单位的关键绩效考评办法、对科技创新驱动超盈特别贡献奖的不断完善，特别是依据科研院所的具体属性，建立了针对技术开发类科技机构和生产单位所属科研

单位的科研评价体系，为西南油气田公司科技管理与科技创新活动的发展提供了重要支撑。

但是，随着科研完全项目制的开展与推进、人才"双序列"制度的实施与深化改革，《中国石油天然气集团公司科技成果转化创效奖励办法（试行）》（中油科〔2017〕406号）的落实与实施、科技创新超盈贡献奖的分配等新的问题的出现与新的挑战的需要，现有的科研评价体系与指标设置已经出现了不同程度不同层次的不适应与不协调性，必须在现有基础上进行适当的改进与调整。

（二）应探索适合科研院所按不同要素价值参与绩效分配的方法

现有的评估体系都注重各自的评估点，没有形成一个整体面上的评估标准。也就是说，在统览现有西南油气田公司科研相关评估评价或考核办法的基础上，找不到一个确切的评价标准，对科研机构的科技研发能力或技术创新能力进行综合性、对比性或可比较性的评估。尤其是"五院一所"这种技术开发类、专业从事和服务于公司科技活动的科研机构的研发绩效的对比性评估。

随着公司贯彻和落实国家、中国石油天然气集团有限公司及西南油气田公司内部相关的科技成果转化创效奖励、科技人才激励等一系列制度越来越迫切的需要，进行科研机构在某一方面、某一阶段或整体性的科技研发绩效的评估，显得越来越不可或缺，也越来越重要；如何量化价值和贡献，是有效落实精准激励的核心与关键。因此，必须在公司现有的科技评估评价体系基础上，探索和设计一套针对天然气勘探开发科技研发体系建设绩效的评估方法，既解决公司对科研机构奖励的现实困境，也能为公司进一步加强科技创新研发管理、提升科技创新驱动能力提供参考依据。

（三）指标设置应充分体现科研机构本质属性与创新贡献度

现有的评估指标体系设计，多注重大平均、通用性，缺乏对不同机构属性及其价值贡献量的考虑，也缺乏对科技创新研发活动全过程及其价值形成与转化机制的系统认识，就使得考评结果可能出现夸大贡献或隐藏价值等现象。以上述西南油气田公司科研考评综合指标体系的指标及权重设置为例：

其一，单从指标体系设置，并不能反映出不同属性的科研机构（比如"五院一所"）各自在科研工作中的明显范畴与典型特征；从具体的指标设置看，也存在不完备性，比如科技创新能力考评指标体系中的自主创新指标，只设置论文发表得分和获得专利两项作为二级评价指标，对于不能囊括在这两项之内的但是又充分反映自主创新能力的其他指标，诸如专著、技术秘密、技术标准、软件著作权、自主研制设备等重要参数，并没有做系统性考虑。

其二，在指标权重上，二级指标绝大部分采用要素平均法，对指标权重进行平均分配，显得不客观也不合理。比如，作为评价科研水平的二级指标，西南油气田公司获奖得分、中国石油天然气集团有限公司与省级获奖得分、国家获奖得分都被赋值为0.33，但是三个奖项的分量显然是随着级别的不同而明显不同的，进行均分的方式显然是不合理的；对于实验室水平、国家或省部级项目等指标所涉及的二级指标赋值中，也存在平均法进行权重设置的问题，不能很好地体现不同指标的重要性与差异性。

因此，借鉴天然气勘探开发科技成果转化应用绩效评估方法设计的思路，探索反映科研机构工作属性、本质特征、功能作用与价值贡献的绩效评估方法，对于天然气勘探开发科技研发体系建设而言，已经十分必要，必须加以思考和解决。

第三节　天然气勘探开发科技研发体系建设绩效评估技术经济模型

一、天然气勘探开发科技研发体系建设绩效评估内涵与思路

天然气勘探开发科技研发体系建设绩效评估，以西南油气田"五院一所"科技创新能力为核心，对各科研院所从事天然气科技创新研发及其研发成果在天然气勘探开发领域类的价值贡献评估得以表征。

天然气勘探开发科技研发体系作为天然气科技创新大系统的组成要件，是天然气科技创新能力的构建路径，是一个动态发展与有序演进的

过程，也是一项复杂的系统工程，活动具有阶段性、多样性的特点，决定了天然气勘探开发科技研发体系绩效也呈现相应的特点。从现有的关于技术创新效率的研究来看，大多数都是从投入和产出的角度来构建评估指标，从投入产出角度来设计评估指标，反映了技术创新工作的链条式过程，使得技术创新的实现可被看成是一个从投入到产出的创新资源的整合过程。以"五院一所"科技创新能力为核心的天然气勘探开发科技研发体系绩效评估，涉及人力、物力、财力，涉及科技活动投入、实施、产出和企业经营状况、经济效益等方方面面，因素众多、结构复杂，需要从多个角度和多个层面综合考虑、系统描述、整体把握。

前文关于天然气勘探开发科技绩效评估方法总体设计时，立足天然气勘探开发科技研发体系建设绩效与科技成果转化应用绩效两大类进行绩效评估方法设计，因此，有两个重要前提：

（1）基于管理会计视角考虑科技要素资源的投入问题。基于管理会计视角审视科技要素资源的投入，是区别于传统财务会计将资金与资产计入科技投入而言的，是将科技创新系统活动涉及的全部资源都作为要素投入进行思考，体现科技创新与科技生产的全要素成本概念。以此为前提分析的科技投入，才能满足"有效的绩效评估是以有效的投入与有效的产出为依据"中的"有效的投入"条件。特别是对于西南油气田公司"五院一所"的科研院所而言，各个科研院所从事的科技活动范围不同、科技创新侧重点不同、科技研发的工作属性与本质特征也不相同，在多重不同的前提下，立足各个科研院所的科技要素资源投入进行绩效评估，才能真正认清各个科研院所的科技投入与其科技产出之间的关系，也才能尽可能避免用一般性指标替代不同科研机构各自的特殊性问题，评估出更加符合和体现各个科研院所科研特征的客观的绩效结果。

（2）尊重科研院所的科技创造属性与价值贡献问题。西南油气田"五院一所"为主力的科研机构的设置，本身是为支撑西南油气田公司产、运、销一体化所需的科技研发体系而产生的。不同的科研院所自创立之日，就带有不同的使命与任务。因此，对科研院所的绩效考评，不应以一套一刀切、大平均的指标体系进行集中评价，而是应当考虑一般性与特殊性结合，充分尊重产、运、销整个作业链上各个院所对科技的不同贡献与价值创造。结合西南油气田公司对科研院所分级分类管理标准进行科研机构考评指标体系优化，建立反映科研院所进行科技要素价值创造的指标体系参与绩效分配，也是天然气勘探开发科技研发体系建设绩效评估的另一重要前提。

综上，结合天然气勘探开发科技成果转化应用绩效评估中"分成系数＝基础功能价值×调整系数"的绩效分成基本原理，设置天然气科技创新研发能力指标，评估科研院所从事天然气科技创新研发的一般性绩效；设置勘探开发类科技研发成果基础价值指标，评估科研院所在勘探开发类的科技研发绩效，体现不同科研院所在从事天然气科技研发活动中对于勘探开发类科技研发的价值贡献度。从而，构建天然气勘探开发科技研发体系建设绩效评估模型，综合反映出天然气勘探开发科技研发体系建设的整体绩效，如图5-2所示。

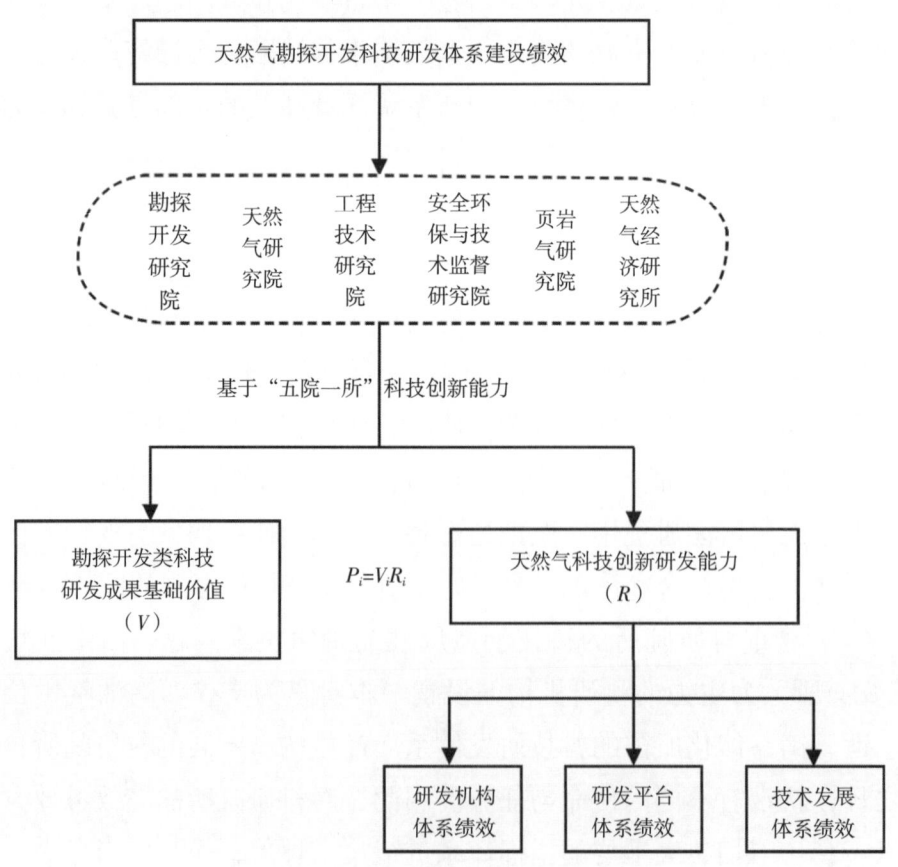

图5-2 天然气勘探开发科技研发体系建设绩效评估模型

二、科技研发体系建设绩效评估技术经济模型设计

立足技术分成的主要思想，结合西南油气田公司现有的关于科技研发体系相关评估评价现状、西南油气田"五院一所"科研机构资源配置与实际情况、财务数据可提取的原则，基于天然气勘探开发科技研发体系建设绩效评估模型，构建天然气勘探开发科技研发体系建设技术经济评估模型：

$$P_i = V_i R_i \quad (5-2)$$

式中　P——天然气勘探开发科技研发体系建设绩效；
　　　V——勘探开发类科技研发成果基础价值系数；
　　　R——天然气科技创新研发能力系数；
　　　i——西南油气田"五院一所"，$i=1，2，\cdots，6$。

立足技术经济评价思路考虑天然气勘探开发科技研发体系建设绩效评估时，必须考虑两个基本面：

其一，考虑基于科研院所资源配置的天然气科技研发水平与创新能力，也是反映公司整体天然气科技研发体系建设的重要绩效指标。必须要立足西南油气田公司"五院一所"主要科研机构，评估科研机构进行天然气科技创新研发能力绩效。根据前文分析，天然气勘探开发科技研发体系的绩效主要通过三大体系绩效得以表征，即研发机构体系绩效、研发平台体系绩效、技术发展体系绩效，基于此，应当建立一套立足三大体系绩效的、真实反映科研机构从事天然气科技研发能力的、适用于"五院一所"的通用的指标体系，对科研机构从事天然气科技研发的能力进行绩效评估。

其二，在反映"五院一所"从事天然气科技创新研发能力评估的基础上，如何体现出各自从事的科技研发工作或成果在天然气勘探开发领域中的价值与贡献，就必须思考在各科研院所科技创新研发成果中，分离出勘探开发类科技研发成果的基础价值。在现有条件下，结合财务数据、统计数据真实可提取、便于剥离计算的原则，对于勘探开发类科技研发成果基础价值进行绩效表征。

第四节　天然气勘探开发科技研发体系建设绩效评估数学模型

根据天然气勘探开发科技研发体系建设绩效评估技术经济模型，结合"四院一所"科技研发实际，设计天然气勘探开发科技研发体系建设绩效评估数学模型：

一、勘探开发类科技研发成果基础价值系数（V）

勘探开发科技研发成果基础价值系数，是指"五院一所"为对象的从事天然气科技创新研发活动机构，在一个时期或一个时间段内，天然气勘探开发科技研发成果价值在所有天然气科技研发成果价值中比重。勘探开发类科技研发成果基础价值系数的设置，是为了充分体现不同科研院所在从事天然气科技创新研发中，对天然气产业链上游勘探开发的科技价值创造与基础贡献。

计算公式为：

$$V_i = \frac{V_{Ki}}{V_T} + 1 \qquad (5\text{-}3)$$

式中　V_i——勘探开发类科技研发成果基础价值系数；

V_{Ki}——勘探开发类科技成果价值；

V_T——天然气科技研发成果总价值；

i——西南油气田"五院一所"，$i=1，2，\cdots，6$。

（一）天然气科技研发成果总价值（V_T）

对于天然气科技研发成果价值的衡量，当于科技成果转化应用效益分离开来，考虑以科技研发成果直接产出为标准。根据可获得的关于天然气科技研发相关成果数据的获取，按照现有的关于科技研发成果的（勘探、开发、物探、测井、其他）五大类统计标准，选择评估指标包括论文著作、专利专有技术、自主研制设备及成果获奖等大类，将五大类涵盖的所有专业类型的指标统计数据全部纳入天然气科技研发成果价值评估指标范畴。

因此，建立天然气科技研发成果总价值的计算公式为：

V_T= 天然气科技研发成果要素价值累加（科技论文、科技著作、专利技术、专有技术、自主研制设备、成果获奖等） （5-4）

式中　科技论文——按照 SCI、EI、一般期刊的等级，分别赋值 0.5，0.3 和 0.2；

　　　科技著作——主要是科技研发成果为载体的著作等；

　　　专利技术——包括专利申请受理、专利授权、累计拥有有效发明专利等；

　　　专有技术——包括技术秘密、技术标准、软件著作权等；

　　　自主研制设备——主要是以科技创新研发成果为载体的、体现自主创新的设备等；

　　　成果获奖——按国家级、省部级与中国石油天然气集团有限公司级、西南油气田公司级，分别赋值 0.5，0.4 和 0.1。

（二）勘探开发类科技成果价值（V_K）

勘探开发类科技成果价值，仅以科研院所从事天然气科技创新研发活动中，将五大类成果统计标准中，涉及勘探开发类的科技研发成果为对象，选择勘探开发类的科技研发成果对应的指标，针对每个科技研发机构进行计算。

因此，建立勘探开发类科技成果价值计算公式为：

V_K= 勘探开发类科技成果价值（勘探开发类科技论文、勘探开发类科技著作、勘探开发类专利技术、勘探开发类专有技术、勘探开发类自主研制设备、勘探开发类成果获奖等） （5-5）

式中　勘探开发类科技论文——按照 SCI、EI、一般期刊的等级，分别赋值 0.5，0.3 和 0.2；

　　　勘探开发类科技著作——主要是科技研发成果为载体的著作等；

　　　勘探开发类专利技术——包括专利申请受理、专利授权、累计拥有有效发明专利等；

勘探开发类专有技术——包括技术秘密、技术标准、软件著作权等；

勘探开发类自主研制设备——主要是以科技创新研发成果为载体的、体现自主创新的设备等；

勘探开发类成果获奖——按照国家级、省部级与中国石油天然气集团有限公司级、西南油气田公司级，分别赋值 0.5，0.4 和 0.1。

二、天然气科技创新研发能力系数（R）

天然气勘探开发科技研发体系的绩效主要通过三大体系绩效得以表征，即天然气勘探开发的研发机构体系绩效、研发平台体系绩效、技术发展体系绩效。基于科学性和可操作性、连续性和可比性、简洁性和敏感性、同向性和可取性、全面性和系统性等原则，参考西南油气田公司科研单位分类管理评价体系、科研院所关键绩效考核体系、科研考评指标体系等现有科技研发体系评估评价相关管理制度与指标赋值，结合相关油气专家咨询意见，构建"五院一所" 天然气科技创新研发能力系数计算公式：

$$R = 0.35R_J + 0.3R_P + 0.35R_D \qquad (5-6)$$

式中　R_J——研发机构体系绩效，占天然气科技创新研发能力的35%；

R_P——研发平台体系绩效，占天然气科技创新研发能力的30%；

R_D——技术发展体系绩效，占天然气科技创新研发能力的35%。

（一）研发机构体系绩效（R_J）

根据前文对于科技研发机构体系建设绩效评估重点分析，结合现有科技研发机构相关绩效评估指标设置，立足西南油气田"五院一所"为核心的研发机构资源配置及创新研发实际情况，结合相关行业评估评价咨询专家意见，构建天然气科技研发机构体系绩效计算公式：

$$R_J = 0.2\phi_C + 0.3\phi_L + 0.3\phi_X + 0.2\phi_H \qquad (5-7)$$

式中　ϕ_C——天然气科技创新人均研发费用强度，占研发机构体系绩效的20%；

ϕ_L——天然气科技创新研发劳动力占比,占研发机构体系绩效的30%;

ϕ_X——天然气科技项目人均研发率,占研发机构体系绩效的30%;

ϕ_H——天然气科技研发人才培养率,占研发机构体系绩效的20%。

基于管理会计的设计思维和有效投入的技术经济评价前提,进行各特征向量指标的参数提取与计算:

天然气科技创新人均研发费用强度

$$\phi_\mathrm{C} = \frac{技术研发费用}{从业人员总数} \quad (5\text{-}8)$$

天然气科技创新研发劳动力占比

$$\phi_\mathrm{L} = \frac{从业人员总数}{从业人员总数} \quad (5\text{-}9)$$

天然气科技项目人均研发率

$$\phi_\mathrm{X} = \frac{科技项目总数(分公司级以上)}{研发人员数} \quad (5\text{-}10)$$

天然气科技研发人才培养率

$$\phi_\mathrm{H} = \frac{专家数}{研发人员数} \quad (5\text{-}11)$$

(二)研发平台体系绩效(R_P)

根据前文对于科技研发机构体系建设绩效评估重点分析,结合现有科技研发机构相关绩效评估指标设置,立足西南油气田"五院一所"为核心的研发机构资源配置及创新研发实际情况,结合相关行业评估评价咨询专家意见,构建天然气科技研发机构体系绩效计算公式:

$$R_\mathrm{p} = 0.2\phi_\mathrm{B} + 0.45\phi_\mathrm{Y} + 0.35\phi_\mathrm{S} \quad (5\text{-}12)$$

式中　ϕ_B——博士后工作站建设力度，占研发平台体系绩效的20%；

ϕ_Y——实验室建设投入强度，占研发平台体系绩效的45%；

ϕ_S——实验室设备更新系数，占研发平台体系绩效的35%。

基于管理会计的设计思维和有效投入的技术经济评价前提，进行各特征向量指标的参数提取与计算：

博士后工作站建设力度

$$\phi_B = \frac{博士后留用数}{博士后培养总数} \quad (5-13)$$

实验室建设投入强度

$$\phi_Y = \frac{科研仪器设备原值}{总资产} \quad (5-14)$$

实验室设备更新系数

$$\phi_S = \frac{设备资产净值}{设备资产原值} \quad (5-15)$$

（三）技术发展体系绩效（R_D）

根据前文对于科技研发机构体系建设绩效评估重点分析，结合现有科技研发机构相关绩效评估指标设置，立足西南油气田"五院一所"为核心的研发机构资源配置及创新研发实际情况，结合相关行业评估评价咨询专家意见，构建天然气科技研发机构体系绩效计算公式：

$$R_D = 0.3\phi_O + 0.3\phi_I + 0.4\phi_G \quad (5-16)$$

式中　ϕ_O——天然气科技研发成果获奖率，占技术发展体系绩效的30%；

ϕ_I——天然气科技研发成果有形化率，占技术发展体系绩效的30%；

ϕ_G——天然气科技研发成果重大贡献率，占技术发展体系绩效的40%。

基于管理会计的设计思维和有效投入的技术经济评价前提，进行各特征向量指标的参数提取与计算：

天然气科技研发成果获奖率

$$\phi_\mathrm{O} = \frac{科技成果获奖总数}{科技项目总数} \tag{5-17}$$

天然气科技研发成果有形化率

$$\phi_\mathrm{I} = \frac{专利（著）论文总数}{科技成果总数} \tag{5-18}$$

天然气科技研发成果重大贡献率

$$\phi_\mathrm{G} = \frac{省部级以上科技成果获奖数}{科技成果获奖总数} \tag{5-19}$$

第五节　天然气勘探开发科技研发体系建设绩效评估规范

一、总则

（一）范围

本规范适用于天然气科技创新研发能力评估、天然气勘探开发科技研发体系建设绩效评估等，本评估规范在于提高其整体绩效和能力，并为绩效考评提供参考。

（二）规范性引用文件

《中国石油西南油气田公司科学研究与技术开发项目管理实施细则》（西南司科〔2012〕11号）；

《西南油气田公司重点实验室建设与运行管理办法》（西南司科〔2012〕17号）；

《西南油气田公司科技项目经费管理实施细则》（西南司科〔2010〕15号）；

《中国石油西南油气田公司科学技术奖励办法》（西南司科〔2017〕4号）。

（三）评估时点

评估过程中的一切取价标准均为评估基准日这一时点的价值标准。

在科技研发体系建设绩效评估时，必须假定绩效固定在某一时点，这一时点就是评估基准日，它为天然气勘探开发科技研发体系建设绩效评估提供了一个时间基准，评估值就是评估基准日的科技研发体系建设绩效。

（四）总体思路

立足管理会计和科技要素资源投入视角，采用有效投入与有效产出讨论有效分成的技术经济评价思维，引入技术要素分成原理，根据西南油气田公司科研机构分级分类管理以及产、运、销一体化的科技创新研发支撑体系特征，构建天然气勘探开发科技研发体系建设绩效评估方法。

天然气勘探开发科技研发体系建设绩效评估，立足天然气勘探开发科技研发体系建设绩效与科技成果转化应用绩效两大类进行绩效评估方法设计：

首先，计算勘探开发类科技研发成果基础价值系数（V）。基础价值系数是勘探开发类科技成果价值（V_K）在天然气科技研发成果总价值（V_T）中的比重加 1 的结果，其中，勘探开发类科技成果价值（V_K）与天然气科技研发成果总价值（V_T）的计算，均是根据统计报表实际数据汇总与提取为基础。

其次，计算天然气科技创新研发能力系数（R）。创新研发能力系数是研发机构体系绩效（R_J）、研发平台体系绩效（R_P）、与技术发展体系绩效（R_D）的总和，针对不同的体系绩效设置不同的指标体系，结合统计报表与财务数据提取参数值进行加权计算。

再次，计算天然气勘探开发科技研发体系建设绩效（P）。针对各个科研院所，利用天然气科技创新研发能力系数（R）乘以勘探开发类科技研发成果基础价值系数（V），计算各自的研发体系建设绩效。

在整个过程中，天然气勘探开发科技研发体系建设绩效评估参数的确定为动态值，以当时的评估时点来确定评估参数基本财务数据和相关统计数据的提取。

二、术语定义

下列术语和定义适用于本规范。

（一）天然气勘探开发科技研发体系建设绩效评估

以西南油气田"五院一所"科技创新能力为核心，对各科研院所从事天然气科技创新研发及其研发成果在天然气勘探开发领域类的价值贡献评估得以表征，从而反映出科研机构工作属性、本质特征、功能作用与价值贡献。

基于二维指标体系的乘积进行天然气勘探开发科技研发体系建设绩效综合评估：设置天然气科技创新研发能力系数指标，评估科研院所从事天然气科技创新研发的一般性绩效；设置勘探开发类科技研发成果基础价值系数指标，评估科研院所在勘探开发类的科技研发绩效，体现不同科研院所在从事天然气科技研发活动中对于勘探开发类科技研发的价值贡献度。

（二）勘探开发类科技研发成果基础价值系数

勘探开发科技研发成果基础价值系数，是指以"五院一所"为对象的从事天然气科技创新研发活动机构，在一个时期或一个时间段内，天然气勘探开发科技研发成果价值在所有天然气科技研发成果价值中比重。勘探开发类科技研发成果基础价值系数的设置，是为了充分体现不同科研院所在从事天然气科技创新研发中，对天然气产业链上游勘探开发的科技价值创造与基础贡献。

（三）天然气科技创新研发能力系数

天然气勘探开发科技研发体系的绩效主要通过三大体系绩效得以表征，即研发机构体系绩效、研发平台体系绩效、技术发展体系绩效。立足西南油气田"五院一所"为核心的研发机构资源配置及创新研发实际情况，研发机构体系绩效通过天然气科技创新人均研发费用强度、天然气科技创新研发劳动力占比、天然气科技项目人均研发率、天然气科技研发人才培养率等指标进行评估；研发平台体系绩效通过博士后工作站建设力度、实验室建设投入强度、实验室设备更新系数进行评估；技术发展体系绩效通过天然气科技研发成果获奖率、天然气科技研发成果有形化率、天然气科技研发成果重大贡献率等指标进行评估。

三、评估基本原则

根据国家财政部有关法规，遵循客观性、独立性、公正性、科学性、合理性的评估原则。合理确定技术状态、参数，力求评估结果的准确。

（一）独立性

独立性原则是指评估机构应始终坚持第三者立场，不为评估对象的利益所影响，评估机构应是独立的社会公正性机构。

（二）客观公正性

客观公正性原则要求评估结果应以充分的事实为依据。这就要求评估者在评估过程中以公正、客观的态度收集有关数据与资料，并要求评估过程中的预测、推算等主观判断建立在市场与现实的基础之上。

（三）科学合理性

选择适用的价值类型和科学的方法，制订科学的评估方案，使资产评估结果准确合理。在整个评估工作中必须把主观评价与客观测算、静态分析与动态分析、定性分析与定量分析相结合，使评估工作做到科学合理、真实可信。

四、评估流程

（一）基本情况调研

1. 科研机构人员情况

截至评估日，科研机构科技活动人员情况，包括研发人员和高级技术人员等，以及博士后培养情况。

2. 科研经费情况

科研经费以评估日当年进行统计，统计公司级以上科研项目费用。

3. 科研机构资产情况

截至评估日，科研机构总资产情况，包括：固定资产、无形资产、科研设备原值和科研设备净值等。

4. 科研机构科研项目研发情况

统计5年内，科研机构公司级以上新开项目，包括西南油气田公司级项目、中国石油天然气集团有限公司级项目、国家级项目。

5. 科研机构科研成果情况

统计5年内，科研机构科技成果项数，包括：科技论文、科技著作、专利、发明专利、自主研发、技术标准、公司级以上获奖数等。

（二）绩效评估基本参数的确定

1. 科技研发成果基础价值系数

科技研发成果基础价值系数为天然气勘探开发科技研发成果价值在所有天然气科技研发成果价值中比重。即：

$$V_i = \frac{V_{Ki}}{V_T} + 1 \qquad (5-20)$$

按照科技研发成果基础价值系数的定义，统计天然气勘探开发科技研发成果，测算科技机构科技研发成果基础价值系数。主要指标包括：

科技论文——按照SCI、EI、一般期刊的等级，分别赋值0.5，0.3和0.2；

科技著作——主要是科技研发成果为载体的著作等；

专利技术——包括专利申请受理、专利授权、累计拥有有效发明专利等；

专有技术——包括技术秘密、技术标准、软件著作权等；

自主研制设备——主要是以科技创新研发成果为载体的、体现自主创新的设备等；

成果获奖——按国家级、省部级与中国石油天然气集团公司级、西南油气田公司级，分别赋值0.5，0.4和0.1。

2. 科技创新研发能力系数

天然气勘探开发科技研发体系的绩效主要通过三大体系绩效得以表征，即研发机构体系绩效、研发平台体系绩效、技术发展体系绩效。结合相关油气专家咨询意见，构建天然气科技创新研发能力系数。

（1）研发机构体系绩效。

$$R_J = 0.2\phi_C + 0.3\phi_L + 0.3\phi_X + 0.2\phi_H \qquad (5-21)$$

天然气科技创新人均研发费用强度：

$$\phi_\text{C} = \frac{技术研发费用}{从业人员总数} \tag{5-22}$$

天然气科技创新研发劳动力占比：

$$\phi_\text{L} = \frac{从业人员总数}{从业人员总数} \tag{5-23}$$

天然气科技项目人均研发率：

$$\phi_\text{X} = \frac{科技项目总数（分公司级以上）}{研发人员数} \tag{5-24}$$

天然气科技研发人才培养率：

$$\phi_\text{H} = \frac{专家数}{研发人员数} \tag{5-25}$$

（2）研发平台体系绩效。

$$R_\text{p} = 0.2\phi_\text{B} + 0.45\phi_\text{Y} + 0.35\phi_\text{S} \tag{5-26}$$

博士后工作站建设力度：

$$\phi_\text{B} = \frac{博士后留用数}{博士后培养总数} \tag{5-27}$$

实验室建设投入强度：

$$\phi_\text{Y} = \frac{科研仪器设备原值}{总资产} \tag{5-28}$$

实验室设备更新系数：

$$\phi_\text{S} = \frac{设备资产净值}{设备资产原值} \tag{5-29}$$

(3)技术发展体系绩效。

$$R_D = 0.3\phi_O + 0.3\phi_I + 0.4\phi_G \qquad (5-30)$$

天然气科技研发成果获奖率：

$$\phi_O = \frac{科技成果获奖总数}{科技项目总数}$$

天然气科技研发成果有形化率：

$$\phi_I = \frac{专利（著）论文总数}{科技成果总数}$$

天然气科技研发成果重大贡献率：

$$\phi_G = \frac{省部级以上科技成果获奖数}{科技成果获奖总数}$$

（三）科技研发体系建设绩效评估

1. 科技绩效得分值计算

按照天然气勘探开发科技研发体系，按照研发机构体系绩效、研发平台体系绩效、技术发展体系绩效每个绩效所构建的二级指标，分别计算三大体系绩效得分值，再按照确定的科技创新研发能力系数，计算科技研发绩效总得分值。

2. 绩效分成率

按照科技研发绩效得分值占总绩效的比重确定绩效分成率。

五、评估报告的编写

参照评估流程，进行基本情况调研、绩效评估基本参数的确定、科技绩效评估等部分的对应性报告编写。

第六章 天然气勘探开发科技绩效评估方法实证

第一节 天然气勘探开发技术要素应用效益递进分成法实证评估——以某区块页岩气勘探开发为例

基于技术要素应用方式及相关数据的可采集性,以某区块页岩气为例,进行天然气勘探开发技术要素应用效益递进分成法实证评估。对开发完成现状、现有经营情况、预期效益、页岩气勘探开发技术投入、页岩气勘探开发工程新技术投入成本、页岩气勘探开发技术的先进性要素投入相关情况进行大量调研与数据收集。评估时点截至 2018 年。

一、页岩气勘探开发总体技术效益分成评估(Ⅰ级技术效益分成)

根据勘探开发技术价值的要素收益递进分成法,以评估公式(3-1)至式(3-8)为基础,对某区块页岩气勘探开发技术价值进行效益递进分成评估。

(一)评估参数确定

由于目前所有的油气勘探开发项目对科技总投入基本清楚,但是对表征科技要素特征指标要素投入情况不明晰,指标值提取与确认难度非常大。因此,根据某区块页岩气勘探开发项目生产要素投入分析资料，并咨询财务、科技和工程技术专家意见，初步对相关参数进行确认（表 6-1）。

表 6-1　某区块页岩气勘探开发总体技术效益评估基础参数表

参数名称项目	测算依据	参数取值
技术体系的基础功能值（A_I）	根据页岩气勘探开发技术树，依据勘探开发工艺技术作业流程，广泛咨询相关专家和分析技术实践中技术要素投入情况，确定 $A_{\mathrm{I}i}$	$A_\mathrm{I}=\sum_{i=1}^{n}A_{\mathrm{I}i}$
项目基础收益强度因子（$\phi_{\mathrm{I}m}$）	天然气勘探开发项目的财务内部收益率	8%
总体科技投入成本强度因子（$\phi_{\mathrm{I}t}$）	总体科技投入成本/勘探开发项目投入成本	27.75%
总体工程技术投入成本强度因子（$\phi_{\mathrm{I}y}$）	总体工程技术投入成本/总体科技投入成本	17.91%
总体科技的先进性要素累加强度因子（$\phi_{\mathrm{I}g}$）	总体科技的先进性要素累加值（专利、专有技术、有形化技术、技术秘密，以及获得省部级以上科技进步奖的技术等）。每项可赋值 0.001，按照先进性排序，可取前 300 项	12.5%

（二）技术效益分成评估

根据某区块页岩气勘探开发总体技术效益评估基础参数表。

总体技术要素的基础分成率为 25%。

总体技术效益分成调整指数：

$$\phi_\mathrm{I}=\phi_{\mathrm{I}m}+\phi_{\mathrm{I}t}+\phi_{\mathrm{I}y}+\phi_{\mathrm{I}g}=66.16\%$$

依据式（3-1）和式（3-4）得：

页岩气勘探开发总体收益净现值（税后）

$$Q=\sum_{i=1}^{n}Q_i(1+r)^{-i}=9.12（亿元）$$

页岩气勘探开发分成收益

$$Q_\mathrm{I}=\sum_{i=1}^{n}T_iQ_i(1+r)^{-i}$$

当 $T_1=T_2=\cdots=T_n=T_\mathrm{I}$ 时，有：

$$Q_{\mathrm{I}} = T_{\mathrm{I}} \sum_{i=1}^{n} Q_i (1+r)^{-i}$$

$$T_{\mathrm{I}} = A_{\mathrm{I}} \mathrm{e}^{\phi_{\mathrm{I}}} = 48.45\% \quad (0 < \phi_{\mathrm{I}} < 1)$$

$$Q_{\mathrm{I}} = T_{\mathrm{I}} Q = 48.45\% \times 9.12 = 4.42（亿元）$$

所以，页岩气勘探开发总体技术效益分成为 4.42 亿元。

二、页岩气勘探开发技术体系效益分成评估（Ⅱ级技术效益分成）

评估方法：根据页岩气勘探技术效益分成评估方法，以评估公式（3-9）至式（3-16）为基础，对某区块页岩气勘探技术价值进行Ⅱ级技术效益递进分成评估。

技术基本功能值：假设勘探开发递进分级每级技术基本功能值为 1。勘探技术基本功能值 A_{II_1} 按照勘探与开发投入比例进行确定，即勘探技术基本功能值 A_{II_1} 为 35%，开发技术基本功能值 A_{II_2} 为 65%。

（一）页岩气勘探技术效益分成评估

1. 评估参数确定

由于目前某区块页岩气勘探项目对技术体系要素投入具体情况不够清楚，对表征技术要素特征指标要素投入情况更不明晰，指标值提取与确认难度加大。因此，根据某区块页岩气勘探科技要素投入分析资料，并咨询财务、科技和工程技术专家意见，初步对Ⅱ级技术效益相关参数进行确认（表6-2）。

表6-2　某区块页岩气勘探技术效益评估基础参数表

参数名称项目	测算依据	参数取值
技术体系的基础功能值（A_{II_1}）	根据勘探投入比例确定 A_{II_1}	35%
技术体系中技术投入成本强度因子（ϕ_{I_t}）	技术投入成本/技术体系投入成本	33.95%
技术体系中工程技术投入成本强度因子（ϕ_{II_y}）	工程技术投入成本/第 i 类技术投入成本	21.37%
技术体系中的先进性要素累加强度因子（ϕ_{II_g}）	技术体系中的先进性要素累加值（专利、专有技术、有形化技术、技术秘密，以及获得省部级以上科技进步奖的技术等）。其中，$\phi_{\mathrm{II}_{gi}} \leq 0.3$，每项可赋值 0.003，按照先进性排序，可取前 100 项	12%

2. 技术效益分成评估

根据某区块页岩气勘探技术效益评估基础参数表。

技术体系中技术的基础分成率为35%。

勘探技术体系效益分成调整指数：

$$\phi_{II_1} = \phi_{IIt_1} + \phi_{IIy_1} + \phi_{IIg_1} = 67.32\%$$

依据式（3-1）和式（3-4）得：

$$T_{II_1} = 1/2 \times A_{II_1} e^{\phi_{II_1}} = 34.31\% \quad (0 < \phi_{II} < 1)$$

$$Q_{II_1} = T_{II_1} Q_I = 34.31\% \times 4.41 = 1.52（亿元）$$

所以，页岩气勘探技术体系中效益分成为1.52亿元。

（二）页岩气开发技术效益分成评估

1. 评估参数确定

由于目前某区块页岩气开发项目对技术体系要素投入具体情况不够清楚，对表征技术要素特征指标要素投入情况更不明晰，指标值提取与确认难度加大。因此，根据某区块页岩气勘探科技要素投入分析资料，并咨询财务、科技和工程技术专家意见，初步对II级技术效益相关参数进行确认（表6-3）。

表6-3 某区块页岩气开发技术效益评估基础参数表

参数名称项目	测算依据	参数取值
技术体系的基础功能值（A_{II_2}）	根据开发投入比例确定A_{II_1}	65%
技术体系中技术投入成本强度因子（ϕ_{II_2}）	技术投入成本/技术体系投入成本	26.78%
技术体系中工程技术投入成本强度因子（ϕ_{II_2}）	工程技术投入成本/技术投入成本	17.22%
技术体系中的先进性要素累加强度因子（ϕ_{II_2}）	技术体系中的先进性要素累加值（专利、专有技术、有形化技术、技术秘密，以及获得省部级以上科技进步奖的技术等）。其中，$\phi_{IIg_i} \leq 0.3$，每项可赋值0.003，按照先进性排序，可取前100项	18%

2. 技术效益分成评估

根据某区块页岩气开发技术效益评估基础参数表。

技术体系中技术的基础分成率为 65%。

开发技术体系效益分成调整指数：

$$\phi_{\mathrm{II}_2}=\phi_{\mathrm{II}t_2} + \phi_{\mathrm{II}y_2} + \phi_{\mathrm{II}g_2}= 62\%$$

依据式（3-1）和式（3-4）得：

$$T_{\mathrm{II}_2}=1/2 \times A_{\mathrm{II}_2}\mathrm{e}^{\phi_{\mathrm{II}_2}}= 60.41\% \quad (0 < \phi_{\mathrm{II}} < 1)$$

$$Q_{\mathrm{II}_2}=T_{\mathrm{II}_2}Q_{\mathrm{I}}=62\% \times 4.41= 2.67（亿元）$$

所以，页岩气开发技术体系中效益分成为 2.67 亿元。

三、某区块页岩气勘探开发技术要素应用效益递进分成结果

截至 2018 年，某区块页岩气开发项目实现财务净现值（税后）9.12 亿元。评价时点为 2018 年，勘探开发技术价值的效益为该时点确定。

（一）Ⅰ级：技术效益分成

某区块页岩气勘探开发投入的劳动、资本、技术、管理等共同创造的价值 9.12 亿元，按照技术要素基础功能价值递进分成，勘探开发技术价值分成系数为 48.45%，效益分成为 4.42 万元。

（二）Ⅱ级：勘探开发技术效益分成

某区块页岩气勘探开发技术分成效益为 4.42 万元。

按照技术价值的要素收益递进分成结果：

勘探技术效益分成系数为 34.31%，效益分成 1.52 亿元；

开发技术效益分成系数为 60.41%，效益分成 2.67 万元；

其他技术分成率为 5.28%，效益分成 0.23 亿元。

某区块页岩气勘探开发技术要素应用效益递进分成结果详见表 6-4。

表 6-4　某区块页岩气勘探开发技术要素应用效益递进分成结果

I 级：技术效益分成			II 级：勘探开发技术效益分成		
项目	分成系数（%）	效益分成值（亿元）	项目	分成系数（%）	效益分成值（亿元）
劳动、资本、管理	51.55	9.12			
勘探开发技术	48.45	4.42	勘探技术	34.31	1.52
			开发技术	60.41	2.67
			其他技术	5.28	0.23

第二节　天然气勘探开发技术要素市场化服务收益分成法实证评估——以某精细控压钻井系统为例

基于技术自身类型、技术应用方式及相关数据的可采集性，选取综合类技术——某精细控压钻井系统，进行技术要素市场化服务收益分成的实证评估。对技术研发概况、技术行业竞争性情况、技术应用与运营等进行了调研与数据收集。评估时点截至 2018 年。

一、技术基础价值评估参数取值

本次评估报告所采用的一切取价标准均为评估基准日技术价值评估价格标准，与评估目的的实现日接近。

收益期限：15 年。

根据技术的可替代性、技术进步和更新趋势以及对应产品的市场竞争状况进行综合分析，根据实地调研和参考相关资料确定，本次评估收益年限采用为 15 年，已应用年限为 2 年，剩余技术经济寿命为 13 年。

（一）完全成本

期初成本：参照该技术期初年研发单位的资产成本进行估算，期初成本估算值为 500 万元。

直接成本：某精细控压钻井系统技术项目，2010—2016 年历年的研发投入成本统计为 5419 万元。

研发实验配套费用：某精细控压钻井系统技术项目，2010—2016 年历年的研发配套投入成本统计为 4877.10 万元。

人员费用：主要研发时间为 4 年，人工成本估算值为 1080 万元。

管理费用：取实际管理费用值为 324.95 万元。

交易成本：按照直接成本的 5% 进行测算，交易成本估算值为 162.57 万元。

某精细控压钻井系统技术完全成本为 12363.62 万元。

（二）重置成本

根据国家统计局资料，选用 2010 年到评估日（2018 年）全国工业生产者出厂价格指数作为综合物价指数对账面成本进行调整价格调整系数为 0.966517，重置成本简化：

重置成本 = 账面成本 × 价格调整系数 =11949.65 万元

（三）功能性贬值

由于该技术目前尚处于可使用状态，因此本次评估不考虑其经济性贬值，对于功能性贬值，其计算过程如下：

功能性贬值 = 重置成本 × 功能性损耗 =1593.29 万元

（四）技术基础价值评估值

最终，得到该技术的成本价值为：

技术基础评估值 = 重置成本 − 功能性贬值 =10356.36（万元）

二、技术要素市场化服务收益分成参数取值

（一）技术市场化服务预期利润

技术生命周期论将技术视为可买卖的商品，从而具有自身生命循环和向外转移倾向的理论。按照技术寿命周期来看，可划分为 6 个阶段：开发阶段（开发期）、技术验证阶段（验证期）、技术应用启动阶段（启动期）、技术扩张阶段（扩张期）、技术成熟阶段（成熟期）、技术退化阶段（退化期）（图 4-2）。

基于技术生命周期的利润，拟合为二次函数，参见式（4-4）。

该技术是一项极有发展前途的技术，在未来智能钻井的核心基础，与国内外其他公司产品相比，某型精细控压钻井装备及技术都处于国内领先世界先进水平，至少在未来13年时间都具有极大的市场。

该精细控压钻井技术应用前景非常可观。按目前该技术推广应用，预计未来13年项目预计利润为86819.91万元，未来市场工作量及利润预测值如图6-1所示。

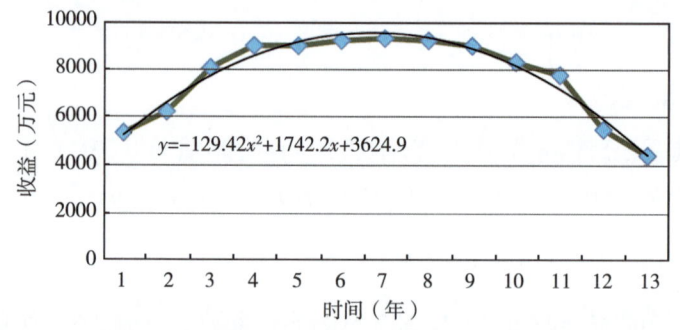

图6-1　CQMPD-I精细控压钻井系统技术未来收益预测值

（二）技术分成率

根据式（4-6）计算技术分成率：

$$T = Ae^{\phi} = Ae^{\phi_i}e^{\phi_t}e^{\phi_g}e^{\phi_p}$$

各参数的选取如下：

A 为技术要素的基础分成率，一般为 25%~50%。

ϕ_i 为项目财务内部收益强度因子，参照《中国石油天然气集团公司建设项目经济评价参数（2018）》行业内部收益计取。

ϕ_t 为技术开发成本投入强度，等于技术研发投入成本/（技术研发投入成本＋技术配套费用）。也可按照该技术行业中技术开发成本投入强度系数进行测算，在技术应用项目投入不确定的情况下投入强度系数可按 10%~40% 计取，技术应用的配套费低，投入强度系数大，反之则低。

ϕ_g 为专利技术有效贡献强度因子，即专利技术总数与专利技术有效贡献率之积，其中专利技术有效贡献率取 0.5。

ϕ_p 为技术剩余寿命强度因子，按照技术剩余寿命进行测算。

两个项目技术分成率测算情况详见表 6-5 和表 6-6。

表 6-5　某精细控压钻井系统技术分成率测算情况表

单位：%

项目	某精细控压钻井技术
T	44.65
A	25.00
ϕ_i	12.00
ϕ_t	28.00
ϕ_g	5.00
ϕ_p	13.00

表 6-6　某精细控压钻井系统专利技术有效贡献强度因子测算情况表

项目	某精细控压钻井技术
专利技术有效贡献强度因子（%）	5.00
专利技术有效贡献率	0.5
专利数（项）	10

（三）折现率

这里采用因素分析的风险累加法，计算公式如下：

收益率（折现率 r）＝风险报酬率（行业风险报酬率＋财务风险报酬率＋经营风险报酬率＋其他风险报酬率）＋无风险报酬率

确定风险报酬率：根据证监会各行业净资产收益利润数据信息，选取石油行业的净资产收益率作为折现率的基本参考，即为 10.5%。

行业净资产收益率包含了无风险报酬率和该行业的平均投资风险报酬率，企业的财务风险和经营风险通过评估师得到的各种企业资料，综合分析经营财务状况后，依据评估师对本行业评估其他企业的经验，评定公司财务风险和经营风险各为 1%；所以风险累加模型估算的折现率为：

$$r = 无风险报酬率 + 行业风险报酬率 + 经营风险报酬率 +$$
$$财务风险报酬率$$
$$= 10.5\% + 1\% + 1\% + 1\%$$
$$= 13.5\%$$

（四）技术要素服务收益价值评估值

由以上分析可知：

该精细控压钻井系统技术剩余经济寿命取 13 年；

折现率为 12.5%；

技术分成率为 44.65%。

则，该精细控压钻井系统技术预期寿命未来 13 年的利润折现额，根据 NPV 折现公式得：

$$技术收益评估值(S) = \sum_{i=1}^{n} T_i Q_i (1+r)^{-i}$$

假设每年的技术分成率相同，即 $T_i = T$，则：

$$技术收益评估值(S) = T \sum_{i=1}^{n} Q_i (1+r)^{-i}$$
$$= 44.65\% \times 38880.76$$
$$= 17360.26 万元$$

三、技术要素市场化服务收益分成结果

综上，根据分成收益法技术价值评估计算可得：

该精细控压钻井技术服务收益总价值 17360.26 万元；

技术基础价值 10356.36 万元；

该技术市场化服务可分成的收益为 7004.64 万元。

某精细控压钻井系统技术要素市场化服务收益分成结果见表 6-7。

表 6-7 某精细控压钻井系统技术要素市场化服务收益分成结果

评估参数	评估值（万元）
市场化服务收益中的技术要素份额	17360.26
技术基础价值	10356.36
技术要素市场化服务收益分成值	7004.64

第三节 天然气勘探开发技术要素市场化服务收益分成法实证评估 ——以某催化剂为例

基于技术自身类型、技术应用方式及相关数据的可采集性，在上一节关于综合类技术实证的基础上，再选取产品加工类技术——某催化剂，进行技术要素市场化服务收益分成的实证评估。对该技术的研发情况、行业竞争情况、技术应用与运营等进行了调研与数据收集。评估时点截至2018年。

一、技术基础价值评估参数取值

本次评估报告所采用的一切取价标准均为评估基准日技术价值评估价格标准，与评估目的的实现日接近。

收益期限：13年。

根据技术的可替代性、技术进步和更新趋势以及对应产品的市场竞争状况进行综合分析，根据实地调研和参考相关资料确定，本次评估收益年限采用为13年，已应用年限为3年，剩余技术经济寿命为10年。

（一）完全成本

期初成本：参照该技术期初年研发单位的资产成本进行估算，期初成本估算值为50万元。

直接成本：某催化剂技术项目，2003—2016年历年的研发投入成本统计为2039.21万元。

人员费用：主要研发时间为3年，人工成本估算值为450万元。

管理费用：取实际管理费用值为74万元。

交易成本：按照直接成本的2%进行测算，交易成本估算值为40.78万元。

某催化剂技术完全成本为2654.67万元。

（二）重置成本

根据国家统计局资料，选用2003年到评估日（2016年）全国工业生产者出厂价格指数作为综合物价指数对账面成本进行调整价格调整系数为0.966517，重置成本简化计算为：

$$重置成本 = 账面成本 \times 价格调整系数 = 2565.78 万元$$

（三）功能性贬值

由于该技术目前尚处于可使用状态，因此本次评估不考虑其经济性贬值，对于功能性贬值，其计算过程如下：

$$功能性贬值 = 重置成本 \times 功能性损耗 = 592.10 \text{ 万元}$$

（四）技术基础价值评估

最终，得到该技术的成本价值为：

$$技术基础评估值 = 重置成本 - 功能性贬值 = 1973.68 \text{ 万元}$$

二、技术要素市场化服务收益分成参数取值

（一）技术市场化服务预期利润

技术生命周期论将技术视为可买卖的商品，从而具有自身生命循环和向外转移倾向的理论。按照技术寿命周期来看，可划分为6个阶段：开发阶段（开发期）、技术验证阶段（验证期）、技术应用启动阶段（启动期）、技术扩张阶段（扩张期）、技术成熟阶段（成熟期）、技术退化阶段（退化期）（图4-2）。

基于技术生命周期的利润，拟合为二次函数，参见式（4-4）。

某催化剂技术广泛应用于各地的天然气净化厂和石油、石化以及化工等行业，实现了酸性气体达标排放，大大减少二氧化硫等污染气体的排放对环境的影响，取得了突出的环境效益和社会效益，拥有广阔的国内市场和国际市场，应用前景广阔。预计未来年均销售650万吨，市场占有率达到20%左右。该技术未来单位利润的测算参照目前该技术每万吨利润为1.92万元，项目未来预计年均利润为1340万元。如图6-2所示。

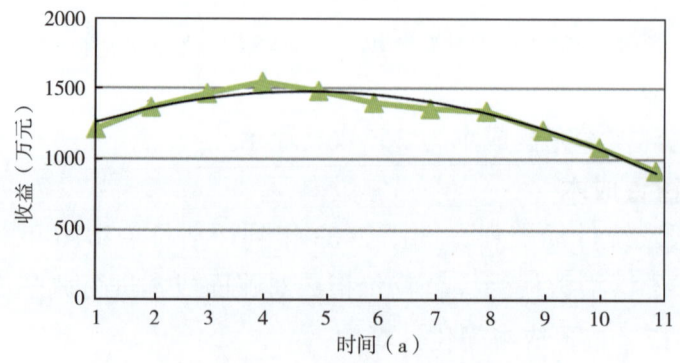

图6-2　某催化剂技术未来收益预测值

（二）技术分成率

根据式（4-6）计算技术分成率：

$$T = Ae^{\phi} = Ae^{\phi_i}e^{\phi_t}e^{\phi_g}e^{\phi_p}$$

各参数的选取如下：

A 为技术要素的基础分成率，一般在 25%~50%。

ϕ_i 为项目财务内部收益强度因子，参照《中国石油天然气集团公司建设项目经济评价参数（2018）》行业内部收益计取。

ϕ_t 为技术开发成本投入强度，等于技术研发投入成本/（技术研发投入成本＋技术配套费用）。也可按照该技术行业中技术开发成本投入强度系数进行测算，在技术应用项目投入不确定的情况下投入强度系数可按 10%~40% 计取，技术应用的配套费低，投入强度系数大，反之则低。

ϕ_g 为专利技术有效贡献强度因子，为专利技术总数与专利技术有效贡献率之积，其中专利技术有效贡献率取 0.5。

ϕ_p 为技术剩余寿命强度因子，按照技术剩余寿命进行测算。

某催化剂项目技术分成率测算情况详见表 6-8 和表 6-9。

表 6-8　某催化剂项目技术分成率测算情况表

单位：%

项目	某催化剂
T	37.48
A	25.00
ϕ_i	8.00
ϕ_t	16.00
ϕ_g	6.50
ϕ_p	10.00

表 6-9　项目专利技术有效贡献强度因子测算情况表

项目	某催化剂
专利技术有效贡献强度因子（%）	6.50
专利技术有效贡献率	0.5
专利数（项）	13

(三）折现率

这里采用因素分析的风险累加法，计算公式如下：

收益率（折现率 r）= 风险报酬率（行业风险报酬率 + 财务风险报酬率 + 经营风险报酬率 + 其他风险报酬率）+ 无风险报酬率

确定风险报酬率：根据证监会各行业净资产收益利润数据信息，选取石油行业的净资产收益率作为折现率的基本参考，即为 10.5%。

行业净资产收益率包含了无风险报酬率和该行业的平均投资风险报酬率，企业的财务风险和经营风险通过评估师得到的各种企业资料，综合分析经营财务状况后，依据评估师对本行业评估其他企业的经验，评定公司财务风险和经营风险各为 1%；所以风险累加模型估算的折现率为：

r = 无风险报酬率 + 行业风险报酬率 + 经营风险报酬率 + 财务风险报酬率
 = 10.5%+1%+1%+1%
 = 13.5%

（四）技术收益法价值评估值

由以上分析可知：

某催化剂技术剩余经济寿命取 10 年；

折现率 12.5%；

技术分成率为 37.48%。

则，某催化剂技术预期寿命未来 10 年的利润折现额，根据 NPV 折现公式得：

$$技术收益评估值(S) = \sum_{i=1}^{n} T_i Q_i (1+r)^{-i}$$

假设每年的技术分成率相同，即 $T_i = T$，则：

$$技术受益评估值(S) = T \sum_{i=1}^{n} Q_i (1+r)^{-i}$$
$$= 37.48\% \times 7502.94$$
$$= 2812.30(万元)$$

三、技术要素市场化服务收益分成结果

综上,根据分成收益法技术价值评估计算可得:

某催化剂服务收益总价值 2812.30 万元;

技术基础价值 1973.68 万元;

该技术市场化服务可分成的收益为 838.62 万元。

某催化剂技术要素市场化服务收益分成结果见表 6-10。

表 6-10 某催化剂技术要素市场化服务收益分成结果

评估参数	评估值(万元)
市场化服务收益中的技术要素份额	2812.30
技术基础价值	1973.68
技术要素市场化服务收益分成值	838.62

第四节 天然气勘探开发科技研发体系建设绩效实证评估——以西南油气田"四院一所"为例

西南油气田公司主要的科技机构包括勘探开发研究院、采气工程研究院、天然气研究院、安全环保与技术监督研究院、页岩气研究院、天然气经济研究所"五院一所"以及 7 个二级科研单位。考虑数据采集的延续性和完整性,本次评估以 2013—2018 年间科研院所相关数据为基础,由于页岩气研究院于 2017 年才成立,因此,本次评估对象为勘探开发研究院(勘研院)、工程技术研究院(工程院)、天然气研究院(天研院)、安全环保与技术监督研究院(安研院)、天然气经济研究所(经研所),即西南油气田"四院一所"科研单位。对各院所科研机构人员情况、资产情况、项目研发及成果等相关情况进行了调研与数据收集。评估时点截至 2018 年。

一、"四院一所"科技研发成果基础价值系数评估

科技研发成果基础价值系数为天然气勘探开发科技研发成果价值在

所有天然气科技研发成果价值中比重。即：

$$V_i = \frac{V_{Ki}}{V_T} + 1$$

按照该公式，对 2013—2017 年西南油气田"四院一所"科研机构科技成果统计计算：

勘探开发研究院科技成果基础价值系数为 1.36；

天然气研究院科技成果基础价值系数为 1.21；

工程技术研究院科技成果基础价值系数为 1.20；

安全环保与技术监督研究院科技成果基础价值系数为 1.05；

天然气经济研究所科技成果基础价值系数为 1。

综上，"四院一所"科技研发成果基础价值系数见表 6-11。

表 6-11 "四院一所"科技研发成果基础价值系数

单位	勘探开发类科研成果（项）	科技成果基础价值系数（V）
勘探开发研究院	443	1.36
天然气研究院	264	1.21
工程技术研究院	249	1.20
安全环保与技术监督研究院	60	1.05
天然气经济研究所	—	1

二、"四院一所"科技创新研发能力系数评估

根据前文关于式（5-6）参数相关设置：

$$R = 0.35R_J + 0.3R_P + 0.35R_D$$

按照天然气勘探开发科技研发绩效体系中，研发机构体系绩效权重 0.35，研发平台体系绩效权重 0.3，技术发展体系绩效权重 0.35。

根据式（5-7）、式（5-12）和式（5-16）相关参数设置：

$$R_J = 0.2\phi_C + 0.3\phi_L + 0.3\phi_X + 0.2\phi_H$$

$$R_P = 0.2\phi_B + 0.45\phi_Y + 0.35\phi_S$$

$$R_{\mathrm{D}} = 0.3\phi_{\mathrm{O}} + 0.3\phi_{\mathrm{I}} + 0.4\phi_{\mathrm{G}}$$

科技创新研发能力权重见表 6-12。

表 6-12 科技创新研发能力权重情况

一级指标		二级指标		
内容	权重	内容	指标计算	权重
研发机构体系绩效（R_J）	0.35	天然气科技创新人均研发费用强度（ϕ_C）	技术研发费用/从业人员总数	0.2
		天然气科技创新研发劳动力占比（ϕ_L）	研发人员数/从业人员总数	0.3
		天然气科技项目人均研发率（ϕ_X）	科技项目总数（西南油气田公司级以上）/研发人员数	0.3
		天然气科技研发人才培养率（ϕ_H）	专家数/研发人员数	0.2
研发平台体系绩效（R_P）	0.3	博士后工作站建设力度（ϕ_B）	博士后留用数/西南油气田公司博士后培养总数	0.2
		实验室建设投入强度（ϕ_Y）	科研仪器设备原值/总资产	0.45
		实验室设备更新系数（ϕ_S）	设备资产净值/设备资产原值	0.35
技术发展体系绩效（R_D）	0.35	天然气科技研发成果获奖率（ϕ_O）	科技成果获奖总数/科技项目总数	0.3
		天然气科技研发成果有形化率（ϕ_I）	专利（著）论文总数/科技成果总数	0.3
		天然气科技研发成果重大贡献率（ϕ_G）	省部级以上科技成果获奖数/科技成果获奖总数	0.4

对"四院一所"各自的科技创新研发能力系数进行逐一评估计算。

（一）勘探开发研究院科技创新研发能力

根据天然气勘探开发科技研发体系建设绩效评估指标及天然气科技创新研发能力系数相关参数计算公式，勘探开发研究院科技创新研发能力系数评估见表 6-13。

表 6-13　勘探开发研究院科技创新研发能力系数评估结果

一级指标			二级指标			
指标	权重	评估值	指标内容	指标计算	权重	评估值
研发机构体系绩效（R_J）	0.35	4.44	天然气科技创新人均研发费用强度（ϕ_C）	技术研发费用/从业人员总数	0.2	12.31
			天然气科技创新研发劳动力占比（ϕ_L）	研发人员数/从业人员总数	0.3	0.24
			天然气科技项目人均研发率（ϕ_X）	科技项目总数（西南油气田公司级以上）/研发人员数	0.3	0.07
			天然气科技研发人才培养率（ϕ_H）	专家数/研发人员数	0.2	0.07
研发平台体系绩效（R_P）	0.3	0.12	博士后工作站建设力度（ϕ_B）	博士后留用数/西南油气田公司博士后培养总数	0.2	0.11
			实验室建设投入强度（ϕ_Y）	科研仪器设备原值/总资产	0.45	0.13
			实验室设备更新系数（ϕ_S）	设备资产净值/设备资产原值	0.35	0.15
技术发展体系绩效（R_D）	0.35	0.17	天然气科技研发成果获奖率（ϕ_O）	科技成果获奖总数/科技项目总数	0.3	0.07
			天然气科技研发成果有形化率（ϕ_I）	专利（著）论文总数/科技成果总数	0.3	0.29
			天然气科技研发成果重大贡献率（ϕ_G）	省部级以上科技成果获奖数/科技成果获奖总数	0.4	0.12

（二）天然气研究院科技创新研发能力

根据天然气勘探开发科技研发体系建设绩效评估指标及天然气科技创新研发能力系数相关参数计算公式，天然气研究院科技创新研发能力系数评估见表 6-14。

表 6-14　天然气研究院勘研院科技创新研发能力系数评估结果

一级指标			二级指标			
指标	权重	评估值	指标内容	指标计算	权重	评估值
研发机构体系绩效（R_J）	0.35	4.51	天然气科技创新人均研发费用强度（ϕ_C）	技术研发费用/从业人员总数	0.2	12.56
			天然气科技创新研发劳动力占比（ϕ_L）	研发人员数/从业人员总数	0.3	0.20
			天然气科技项目人均研发率（ϕ_X）	科技项目总数（西南油气田公司级以上）/研发人员数	0.3	0.05
			天然气科技研发人才培养率（ϕ_H）	专家数/研发人员数	0.2	0.08

续表

一级指标			二级指标			
指标	权重	评估值	指标内容	指标计算	权重	评估值
研发平台体系绩效 (R_P)	0.3	0.06	博士后工作站建设力度 (ϕ_B)	博士后留用数/西南油气田公司博士后培养总数	0.2	0.03
			实验室建设投入强度 (ϕ_Y)	科研仪器设备原值/总资产	0.45	0.05
			实验室设备更新系数 (ϕ_S)	设备资产净值/设备资产原值	0.35	0.11
技术发展体系绩效 (R_D)	0.35	0.19	天然气科技研发成果获奖率 (ϕ_O)	科技成果获奖总数/科技项目总数	0.3	0.05
			天然气科技研发成果有形化率 (ϕ_I)	专利(著)论文总数/科技成果总数	0.3	0.28
			天然气科技研发成果重大贡献率 (ϕ_G)	省部级以上科技成果获奖数/科技成果获奖总数	0.4	0.21

（三）工程技术研究院科技研发体系建设绩效

根据天然气勘探开发科技研发体系建设绩效评估指标及天然气科技创新研发能力系数相关参数计算公式，工程技术研究院科技创新研发能力系数评估见表 6-15。

表 6-15　工程技术研究院科技创新研发能力系数评估结果

一级指标			二级指标			
指标	权重	评估值	指标内容	指标计算	权重	评估值
研发机构体系绩效 (R_J)	0.35	4.34	天然气科技创新人均研发费用强度 (ϕ_C)	技术研发费用/从业人员总数	0.2	11.99
			天然气科技创新研发劳动力占比 (ϕ_L)	研发人员数/从业人员总数	0.3	0.20
			天然气科技项目人均研发率 (ϕ_X)	科技项目总数（西南油气田公司级以上）/研发人员数	0.3	0.18
			天然气科技研发人才培养率 (ϕ_H)	专家数/研发人员数	0.2	0.04

续表

一级指标			二级指标			
指标	权重	评估值	指标内容	指标计算	权重	评估值
研发平台体系绩效（R_P）	0.3	0.14	博士后工作站建设力度（ϕ_B）	博士后留用数/西南油气田公司博士后培养总数	0.2	0.02
			实验室建设投入强度（ϕ_Y）	科研仪器设备原值/总资产	0.45	0.33
			实验室设备更新系数（ϕ_S）	设备资产净值/设备资产原值	0.35	0.10
技术发展体系绩效（R_D）	0.35	0.15	天然气科技研发成果获奖率（ϕ_O）	科技成果获奖总数/科技项目总数	0.3	0.06
			天然气科技研发成果有形化率（ϕ_I）	专利（著）论文总数/科技成果总数	0.3	0.27
			天然气科技研发成果重大贡献率（ϕ_G）	省部级以上科技成果获奖数/科技成果获奖总数	0.4	0.11

（四）安全环保与技术监督研究院科技研发体系建设绩效

根据天然气勘探开发科技研发体系建设绩效评估指标及天然气科技创新研发能力系数相关参数计算公式，安全环保与技术监督研究院科技创新研发能力系数评估见表6-16。

表6-16 安全环保与技术监督研究院科技创新研发能力系数评估结果

一级指标			二级指标			
指标	权重	评估值	指标内容	指标计算	权重	评估值
研发机构体系绩效（R_J）	0.35	3.86	天然气科技创新人均研发费用强度（ϕ_C）	技术研发费用/从业人员总数	0.2	10.74
			天然气科技创新研发劳动力占比（ϕ_L）	研发人员数/从业人员总数	0.3	0.20
			天然气科技项目人均研发率（ϕ_X）	科技项目总数（西南油气田公司级以上）/研发人员数	0.3	0.04
			天然气科技研发人才培养率（ϕ_H）	专家数/研发人员数	0.2	0.05

续表

一级指标			二级指标			
指标	权重	评估值	指标内容	指标计算	权重	评估值
研发平台体系绩效（R_P）	0.3	0.12	博士后工作站建设力度（ϕ_B）	博士后留用数/西南油气田公司博士后培养总数	0.2	0.02
			实验室建设投入强度（ϕ_Y）	科研仪器设备原值/总资产	0.45	0.23
			实验室设备更新系数（ϕ_S）	设备资产净值/设备资产原值	0.35	0.17
技术发展体系绩效（R_D）	0.35	0.14	天然气科技研发成果获奖率（ϕ_O）	科技成果获奖总数/科技项目总数	0.3	0.04
			天然气科技研发成果有形化率（ϕ_I）	专利（著）论文总数/科技成果总数	0.3	0.28
			天然气科技研发成果重大贡献率（ϕ_G）	省部级以上科技成果获奖数/科技成果获奖总数	0.4	0.07

（五）天然气经济研究所科技研发体系建设绩效

根据天然气勘探开发科技研发体系建设绩效评估指标及天然气科技创新研发能力系数相关参数计算公式，天然气经济研究所科技创新研发能力系数评估见表6-17。

表6-17 天然气经济研究所勘研院科技创新研发能力系数评估结果

一级指标			二级指标			
指标	权重	评估值	指标内容	指标计算	权重	评估值
研发机构体系绩效（R_J）	0.35	3.88	天然气科技创新人均研发费用强度（ϕ_C）	技术研发费用/从业人员总数	0.2	10.37
			天然气科技创新研发劳动力占比（ϕ_L）	研发人员数/从业人员总数	0.3	0.20
			天然气科技项目人均研发率（ϕ_X）	科技项目总数（西南油气田公司级以上）/研发人员数	0.3	0.41
			天然气科技研发人才培养率（ϕ_H）	专家数/研发人员数	0.2	0.12
研发平台体系绩效（R_P）	0.3	0.01	博士后工作站建设力度（ϕ_B）	博士后留用数/西南油气田公司博士后培养总数	0.2	0.02
			实验室建设投入强度（ϕ_Y）	科研仪器设备原值/总资产	0.45	0.00
			实验室设备更新系数（ϕ_S）	设备资产净值/设备资产原值	0.35	0.00

续表

一级指标			二级指标			
指标	权重	评估值	指标内容	指标计算	权重	评估值
技术发展体系绩效（R_D）	0.35	0.32	天然气科技研发成果获奖率（ϕ_O）	科技成果获奖总数/科技项目总数	0.3	0.41
			天然气科技研发成果有形化率（ϕ_I）	专利（著）论文总数/科成果总数	0.3	0.27
			天然气科技研发成果重大贡献率（ϕ_G）	省部级以上科技成果获奖数/科技成果获奖总数	0.4	0.23

三、西南油气田天然气勘探开发科技研发体系建设绩效评估结果

综上，"四院一所"勘探开发类科技成果基础价值系数（V）评估结果为：勘研院1.36，天研院1.21，工程院1.2，安研院1.05，经研所1。

根据"四院一所"的科技研发资源配置基本情况的统计，天然气科技创新研发能力系数（R）评估结果为：勘研院4.72628，天研院4.76395，工程院4.63121，安研院4.12179，经研所4.20253。

根据天然气勘探开发科技研发体系建设技术经济评估方法，

$$P_i = V_i R_i$$

计算可得西南油气田天然气勘探开发科技研发体系建设绩效（P）评估结果为：勘研院6.42774，天研院5.76438，工程院5.55745，安研院4.32788，经研所4.20253。绩效分成率：勘研院24.46%，天研院21.93%，工程院21.15%，安研院16.47%，经研所15.99%。

西南油气田"四院一所"科技研发体系建设绩效评估结果见表6-18。

表 6-18 西南油气田"四院一所"科技研发体系建设绩效评估结果

单位	勘探开发类科技成果基础价值系数（V）	天然气科技创新研发能力系数（R）	天然气勘探开发科技研发体系建设绩效（P）	绩效分成率（%）
勘研院	1.36	4.72628	6.42774	24.46
天研院	1.21	4.76395	5.76438	21.93
工程院	1.2	4.63121	5.55745	21.15
安研院	1.05	4.12179	4.32788	16.47
经研所	1	4.20253	4.20253	15.99
合计			26.27998	

第七章 加强天然气勘探开发科技绩效评估的政策建议

第一节 完善科技评估相关机制与推进科技绩效评估市场化和公平化

一、完善交流合作机制并实现天然气勘探开发科技创新资源共享

天然气勘探开发科技创新资源包括以天然气勘探开发作业为对象从事科技创新相关活动的人力资源、财力资源、物力资源和信息资源等多重相关性资源。从中国石油内部或西南油气田公司整体角度出发，天然气勘探开发科技创新资源具有非排他性和非竞争性特征，是典型的公共产品，具有较大的共享潜力。然而，如何将共享潜力转化为现实科技创新，需要结合交流合作机制作用的发挥。建立以天然气勘探开发科技创新资源共享为核心的交流合作机制，可从两个层面出发。

首先，在中国石油天然气集团有限公司内部，加大科技体制改革的力度，在明确国家科技力量主要目标的前提下，将科研机构推向市场，促进科技成果的实践转化，深化科技同经济的实际融合；加大科技资源的整合力度，积极构建科技资源与其他生产要素的互动机制，推动技术向先进生产力的转化；优化科研机构的资源配置，对科技力量布局进行

战略性调整，建立统一的科技创新资源共享平台，共享会员单位的科技创新相关资源信息，扩大科技创新成果受让单位数量，扩大科技创新技术商品有效配置的地理范围，实现集团内部交易平台的互联互通和天然气勘探开发科技整体创新水平提升。

其次，以协同提高科技创新能力为目的，加强与相关企业、机构、高校等的产学研合作。在产学研合作中，应该以满足经济社会科技需求、推动科技成果商品化和产业化为合作目标，尤其是在各级科技计划项目立项和评估中，把技术成果的实用性和成果转化作为重要的评价考核指标，将技术转移成效逐步纳入大学和科研院所的考核评价体系；通过专利申请或内部确权，快速、及时地推进技术创新成果有形化，通过共享平台有效实现有形化成果分成，提高科技创新成果利用速率；还应充分利用政府对产学研模式的优惠政策，一方面实现科技创新知识的资本化，另一方面还要推动科技人才的合理流动，提升科技人力资源在商务转化中的投入产出弹性。

二、进一步建立和完善第三方科技评估机构

国务院发展研究中心技术经济研究部副部长李志军曾表示，通过社会化、专业化的评估机构进行项目达标评估，是健全科技评估体系、保证科技资源高效利用的重要部分。国家科技评估中心副主任陈兆莹早在2007年就指出，我国科技评估已经进入了黄金发展期。对科技绩效研究文献计量分析认为，科技绩效研究的发展与经济发展阶段、国家政策导向密不可分，委托评估中介评估是发展的大势所趋。第三方科技评估在国外拥有较长的发展历史，发达的市场经济使其形成了较为完善的科技中介服务业，其运作模式以及为科技创新和科技成果转化服务等方面具有鲜明的特点，注重运作的商业化、服务的专业化、从业人员的整体素质高、评估服务的内容和方式随着市场需求不断创新，因此在提高科技创新能力、降低科技创新成本、规范科技创新行为等方面发挥着重要作用。

石油天然气领域科技中介机构主要由三大石油集团公司投资建立，围绕企业的发展战略、科技进步、生产经营做了不少服务工作，取得了

显著成效。于1993年成立的中国石油天然气集团公司咨询中心，汇集了一批包括中国工程院院士、著名教授、技术专家等在内的石油行业德高望重的优秀科技人才，围绕中国石油天然气工业发展战略和油气勘探开发目标、重大工程建设项目，进行决策咨询、专题研究、可行性论证等，还根据油气勘探、油田开发、炼油化工、工程经济等不同专业建立相应的专业咨询部门及机构，组织专家委员会，定期举行专题研讨。于1999年成立的石油科技评估中心，作为独立客观的第三方，致力于科技管理方法研究、科技战略与科技规划、科技管理咨询、科技查新等，已经取得了一定成果。于1992年成立的大港油田经济技术咨询中心，在石油天然气和石油化工领域开展规划咨询、科研项目建议、招投标咨询等业务。诞生于克拉玛依油田的新疆石油管理局工程咨询中心在发展中由单一咨询业务扩展为工程咨询、安全评价、规划咨询和油气咨询四大业务板块，其中工程咨询和安全评价更是拥有国家甲级资质。经过多年发展，这些科技中介机构在管理和服务等方面逐步形成了一套科学具体的办法和程序，为石油天然气科技管理活动提供了重要参考。

  时任中国石油天然气集团公司科技发展部主任傅诚德曾提出，随着中国石油年投入的增加、项目增多、规模扩大，科技管理的第三方评估越来越重要。在科技创新驱动发展的强力号召下，科技与资本的结合使得科技第三方评估越来越重要；充分发挥第三方科技评估在降低技术风险、市场风险和资金风险方面的作用，建设第三方科技评估机构是实现科技治理主体多元化、保证科技评估结果客观公正、提高科技人员创新积极性的重要途径。建立和完善油气田公司第三方科技评估机构，也是油气田公司推进天然气勘探开发科技绩效评估朝着市场化方向发展的必由之路。借鉴中国石油天然气集团有限公司咨询中心关于科技评估的运作模式，以及当前众多社会团体第三方评估的运行机制，遵循"政社分开、权责对等、严进宽出、完善体系、价值中立、社会参与"的原则，推进油气田公司建立和完善第三方科技评估机构，充分发挥第三方评估机构公正、客观、独立、多谋的作用，对于深化科技体制机制改革、加强和改进科技创新管理、促进科技评价的公平公开和公正、形成决策—执行—评价相对分开的运行机制具有重要意义。

第三方科技评估机构应充分发挥油气专家队伍、机关专业处（部）室、独立第三方评估机构的评估作用，以公司科技创新成果为基础，围绕相关科技评估，加强机构承接公司科技创新研发能力建设绩效评价与科技创新成果转化应用效益评价的协同性，进一步探索深层次问题，形成制度机制成果，积累改革经验，争取在天然气勘探开发科技绩效评估中的话语权。要健全第三方科技评估机构的市场化服务能力，树立市场意识和竞争态势，鼓励建设油气田公司自有的第三方科技绩效评估品牌，通过参与市场竞争和市场化绩效评估服务，从根本上增强科技绩效评估能力和公信力。因此，还需建立好几个关键制度：（1）分工责任制度。第三方评估机构实行集体领导和个人分工相结合的制度，主任对中心工作全面负责；主持日常工作的副主任协助主任处理日常工作；各副主任按分工负责分管业务工作和相应的业务部门，并对职权范围内决定的重大事项承担相应责任；各部门主任认真履行工作职责，对部门工作全面负责。（2）岗位责任制。各部门按工作职责和分工设置岗位，每个岗位都要制订明确的岗位职责和工作标准。机构和部门内部各项工作，要落实到具体责任人，并逐级对上负责。上级对下级的工作要有布置、有指导、有检查；下级对上级交办的工作要事事有回音，件件有落实，工作有记录、有档案、可追溯。（3）例会督导制度。定期召开机构评估工作例会，交流评估项目进展情况，研究制订阶段目标和推进重点，统筹推进项目进程，协调解决问题。（4）信息交流制度。建立评估工作信息公开制度，在油气田公司网站、中国石油天然气集团有限公司网站、国家主流科技评估评价媒体上公开发布工作进展信息，及时编发工作简报，建立网络信息交流平台。

三、完善评估机制并加快建立天然气勘探开发科技绩效评估体系

本书在结合当前众多相关理论研究成果和中国石油天然气集团有限公司相关实践成果基础上，将天然气勘探开发科技绩效分为研发体系绩效与科技成果转化应用效益两大类进行评估方法研究，并根据天然气勘探开发有形化技术树对科技成果转化应用效益进行储量价值、产量贡

献、技术服务收益三大层面的评估方法研究，是对天然气勘探开发科技绩效评估体系建设的有益探索，为推动天然气科技创新迈出了坚实的一步。然而，在取得进展的同时，也应当看到：目前绩效评估的规范性、制度化以及数据库构建的不足，可参考性和借鉴性弱；第三方评估机构进行科技绩效评估的制度并不完善，实践也不充分，推进难度也很大。

因此，要建立天然气勘探开发科技绩效评估体系，不光是一个绩效评估与效益分配的问题，是一个庞大的系统性范畴，必须解决好几个方面：（1）科研机构创新能力评估。围绕公司所属的科研院所科技创新基础设施、国家重点实验室和博士后工作站等创新平台运行情况、科研人员人才能力建设与研发人才培养、科技创新品牌建设及社会影响力等，对公司整体及所属科研院所科技创新能力进行评估。（2）科技项目管理评估。围绕公司承担的国家级、中国石油天然气集团有限公司级、油气田公司级的科技计划项目，根据国家科技计划监督评估通则和标准规范、以及西南油气田公司科技管理相关规范与办法，配合开展科技计划项目实施情况、成果情况、投入与产出等整体评估，从反馈角度对公司相关部门组织实施计划任务情况提出评估咨询意见。（3）科技绩效评估。按照技术有形化、价值化和商业化的需要，建立和完善科技绩效评估体系，进行油气技术价值评估、油气科技成果转化应用效益分享评估、油气技术市场化服务收益的价值让渡分成评估，为科技激励提供科学的要素贡献分配依据，满足科技创新创效需要。（4）技术定价与技术交易服务评估。按照党的十九大提出的完善要素市场化配置以实现要素自由流动和价格灵活反应等要求，在开放市场的动态化谈判与博弈条件下，不断探索比较适合油气行业特征和兼顾技术供需双方合理利益的技术定价方法，为油气技术交易提供科学合理的定价。结合油气技术交易的特殊性，建立和完善油气技术交易商业模式与交易规则，为促进油气技术市场化交易提供平台保障与配套服务。（5）科技奖励推荐。按照有关规定，完善公司科技奖励推荐提名制度，在确保质量的前提下，扩大机构推荐范围。进一步完善机构推荐的遴选和动态调整机制，引导机构强化自身管理，严格工作规范和程序，稳步提升知名度和影响力。

基于科技绩效评估的系统性和复杂性，建立完善的天然气勘探开发科技绩效评估体系仍旧任重道远，还需要对评估机制进行不断探索和完善，尤其是要完善公开公平公正、科学规范透明的立项评估机制，建立长期跟踪研究、持续滚动评估的长效监督机制，完善技术价值评估与绩效分成的评估运行机制，形成以稳定支持为主、竞争性配置为辅的经费投入机制。特别是要着力打造和构建绩效评估制度约束与规范机制，比如，对于天然气勘探开发科技绩效评估三种方法的集成创新，都是基于管理会计视角进行的指标设置与参数提取，才能充分反映科技要素资源投入与有效产出，是全书方法集成创新的重要立足点，也是有效解决当前主流油气科技效益评估方法高估科技效益、低估科技投入的重要前提。但是，在当前财务会计视角下，是难以解决好这个问题的。因此，要对天然气勘探开发科技绩效评估进行体系性思考与研究，就必须尽快建立技术创新管理会计制度，只有在这个视角下，进行科技资源的全要素有效投入分析，才能在有效投入与有效产出的技术经济评价范式中，探索到天然气勘探开发科技绩效评估方法的优化路径，也才能真正实现天然气勘探开发科技绩效评估朝着体系性、市场化、可持续性方向演进。

第二节　编制出台科技绩效评估相关文件并推进制度化和规范化

一、积极编制《天然气勘探开发科技绩效评估规范》并推进评估制度化

健全的科技绩效评估体系离不开政策的有力支撑，政策制度的完善与否直接影响科技绩效评估活动的有效实施。为保障科技绩效评估活动的规范化和制度化，许多国家制定了相应的政策法规，例如，美国成立了全国绩效评监委员会，颁布了《项目评估标准》《绩效成果法案》，用以保证绩效评估结果和评估体系的完整性；日本广泛吸收外部评估主体参与评估，制定了《研究评价指南》《国家研究开发评价实施办法指南》《行政机构开展政策评价工作法》等，对科技评估的地位、内容、原则、方法等进行了明确规定。我国也先后颁布了《科技评估

暂行管理办法》《科学技术评价办法（试行）》《科学技术进步法》《科学技术研究项目评价通则》等，对我国普适的科学技术领域的基础研究、应用研究、开发研究的评价方法、项目投入产生出效率的评价等提供了科学、规范的方法。

科技绩效评估作为科技评估活动的重要环节，也是一项必须严格遵守规范同时又需要创造性的专业活动。本书在对天然气勘探开发科技绩效评估方法的研究过程中发现，对于科技绩效的评估，其实质是对技术创新活动在某时期内创造的效益总量既定条件下、基于技术创新管理会计视角、通过财务数据和技术创新活动特征要素资源投入分析进行评价参数选取和数值提取、按照规定的技术价值评价方法和流程计算、结果作为绩效分配的重要参考，在这个完整的过程中，除了方法模型本身的创新外，对于指标的规范、参数的提取等，需要相关的文件进行确定与完善，需要强大的制度力量进行约束与管控。特别是对于天然气勘探开发技术树结构的安排、技术要素基础功能价值的确定、技术要素效益分成的参数选取，在经过应用实证得到检验后，应由相应的专家论证，形成规范性的评估文件《天然气勘探开发科技绩效评估规范》，这不仅是对方法本身的一种确认，也是对方法进一步推广应用的一种规制，便于在更多的科技绩效评估多动中的以参照与参考。

《天然气勘探开发科技绩效评估规范》的编制与使用，本身是一个对天然气勘探开发科技绩效评估理论与实践经验的浓缩过程，是天然气勘探开发科技绩效评估活动步入专业化和制度化阶段的显性标志，对于科技绩效评估制度化进程而言，本就具有重要意义。出台《天然气勘探开发科技绩效评估规范》，能够给从事天然气科技绩效评估或从事相关科技评估的机构和专业人员以具有可操作性的参考依据进行评估评价活动，相关的委托者和评估结果的使用者也能够通过该规范的内容比较全面地理解天然气勘探开发科技绩效评估活动，以便更好地委托天然气勘探开发科技绩效评估任务和使用评估结果。并且，对于社会而言，能便于更多的相关方了解、监督天然气勘探开发科技绩效评估的相关活动，客观上促进和提高评估的质量、水平和透明度。

二、落实技术要素参与收益分配的激励制度并促进评估结果应用

关注科技绩效评估结果的应用，为科技激励与管理工作提供有效依据，成为科技绩效评估工作的终极意义。研究表明，以科技奖励为代表的科技激励与奖励机制在推动科技创新与技术进步工作中发挥着巨大的作用，建立和完善激励政策体系与规范的实施机制对企业发展和激发广大员工积极性和创造力尤为重要；且知识产权保护＋固定权利金授权、知识产权保护＋单位权利金授权不但可以实现企业技术创新水平的最优，而且可以充分实现社会资源的帕累托最优。因此，量化科技绩效考核，规范管理行为准则、完善分配机制、推进竞争机制和人员流动机制，也是创新人才资源激励的一种有效方式。当然，在注重科技绩效评估和科技激励的同时，应充分考虑二者的关联作用和互动关系，积极发挥科技绩效评价在激励过程中的作用。

虽然党和国家提出完善要素市场化配置以实现要素自由流动和价格灵活反应等目标，为技术作为一种重要的生产要素参与市场交易与劳动分配提供了政策支撑。但是，主流的《中华人民共和国合同法》《中华人民共和国促进科技成果转化法》《中华人民共和国资产评估法》《中华人民共和国企业国有资产法》等，并没有对技术要素价值评估方法、相关评估规范、评估参数取舍、评估流程等作出制度性安排。因此，建立健全相关的技术要素评估制度规范，才能真正为技术要素的市场化价值创造与参与劳动分配提供具有操作性的参考依据。

技术要素参与分配是一项探索性工作，可借鉴和参照的东西不多，但又是一项带有方向性的系统工程，涉及方方面面，需要工商、财税、物价、审计、法律等各部门的密切配合与协同工作。首先，要进一步提高对技术要素参与股权与收益分配重要性的认识。促进完善成果转化和收益分配，努力构建和形成高校、科研机构、企业间合理高效的技术转移机制，激励和支持自主创新成果转化。运用多种方式，推动企事业单位灵活采用年薪制、人才协议工资制、项目工资制、收益分成制等鼓励创新的分配形式，推进创新和产权制度的结合、创新和资本市场的结合，实现收入激励方式多元化。其次，规范技术市场交易良好的技术要

素参与收益分配机制的形成，离不开法律法规等外部环境的推力，特别是政府政策的支持。依据国家法律政策的新变化，积极修订和细化技术要素参与收益分配的相关政策，特别是事业单位科技人员参与科技成果转化的激励政策，出台支持企事业单位技术要素参与分配的配套激励政策，加大执行力度。再次，规范技术合同的认定登记、技术市场的管理、税收及征收管理，规范技术市场交易。充分发挥财税、审计、司法等各部门的管理与协同工作，加强技术市场、技术交易等的有效监管。

三、加强岗位聘用管理制度建设及打造公平竞争的科技管理机制

科学技术研究是一项探索未知世界的工作，科技管理任何时候都不应该忘记科技攻关的未知性、不确定性和探索性，也不该忽略科技攻关投入的重要资源——科研人员的智力劳动。加强对科研人员的使用与安排，使合适的人在合适的岗位发挥更大更优的作用，与科技研发的资金投入、物力投入等其他资源一样重要，甚至更为重要。习近平总书记关于科技研发指示中反复强调："在基础研究领域，包括一些应用科技领域，要尊重科学研究灵感瞬间性、方式随意性、路径不确定性的特点，允许科学家自由畅想、大胆假设、认真求证"。

因此，必须要以充分体现科研活动是由人的智力劳动创造的产物这一科技研发本质属性为前提，就应当尊重智力劳动投入的本源——科技研发人员，打造公平竞争的科技管理机制，以便加大措施保障力度、营造鼓励创新良好环境，让企业、科研机构和各类人才都能在创新创造中提升价值、获得回报。建立和完善公平竞争的科技管理机制重点在抓两头，即岗位聘用与绩效考核。因此，加强岗位聘用管理，意义重大。要建立"能上能下"的用人机制，建立以科研骨干、学术带头人为首的科研团队，尤其是在中国石油天然气集团有限公司试行科研完全项目制管理的当下，结合油公司体制的管理特点，探索适合天然气行业特征的科研人才岗位聘用管理制度，注重科研人才主观能动性的发挥、富裕科技研发人员创新的主动权、充分激励和调动科技人员的积极性与创造性，建立宽严适度的岗位管理制度体系。

第三节　强化科技评估基础条件建设与推动科技评估智能化水平提升

一、建立天然气勘探开发科技绩效评估基础数据库并促进评估信息化

能源技术革命以互联网技术、新的能源技术、智能化制造技术等广泛应用为基础促进天然气全产业链发展，将天然气科技创新引入了大数据创新发展时代。建立基于天然气勘探开发科技不同类别全方位、多角度评估的天然气勘探开发科技基础价值数据库，对于深入认识天然气勘探开发科技价值、提高天然气勘探开发科技技术和人才等创新要素在科技产品价值中的比重，从而制订科学合理的天然气勘探开发科技技术交易规则具有重要促进作用，能够保证天然气勘探开发科技价值的全面实现，也为进一步推进天然气勘探开发科技人才激励机制、充分发挥创新创效能动性提供了重要基础。

因此，利用大数据推动天然气勘探开发科技绩效评估相关作用的开展，有利于相关的科技资源利用、信息交流、产融结合、技术突破、成果转化应用。在大数据的思维下，通过信息化和网络化的工具与手段，更能够紧盯差距、抓重点、补短板、强弱项，从长远看，建立"四库"协同的天然气科技绩效评估支持系统（图7-1），是保障科技评估长效化、高效化工作的基础。

在数据库、方法库、模型库、知识库这"四库"一体的协同下，能够促进天然气勘探开发科技绩效评估朝着信息化、网络化、现代化的方向发展。结合本书研究过程认为，在现有条件下，建立天然气勘探开发科技绩效评估基础数据库，是建立健全"四库"系统的当务之急。基础数据库应当包含为天然气勘探开发科技绩效评估服务的一系列数据模块与基本信息，诸如评估涉及的基本概念、科技绩效评估涉及的主体、天然气勘探开发科技技术树、技术基础功能价值参考值、技术要素调整系数、指标选取、参数取值及涉及的数据源等。特别是对于天然气勘探开发科技技术功能价值参考值的确定，需要结合财务数据中关于该技术历

史投入成本、实践经验与行业专家共同评估形成,一旦确定,存储于基础数据库,在一段时间内就可以作为评估的重要参数支撑,对于评估过程规范化、科学化、客观化具有非常重要的作用。

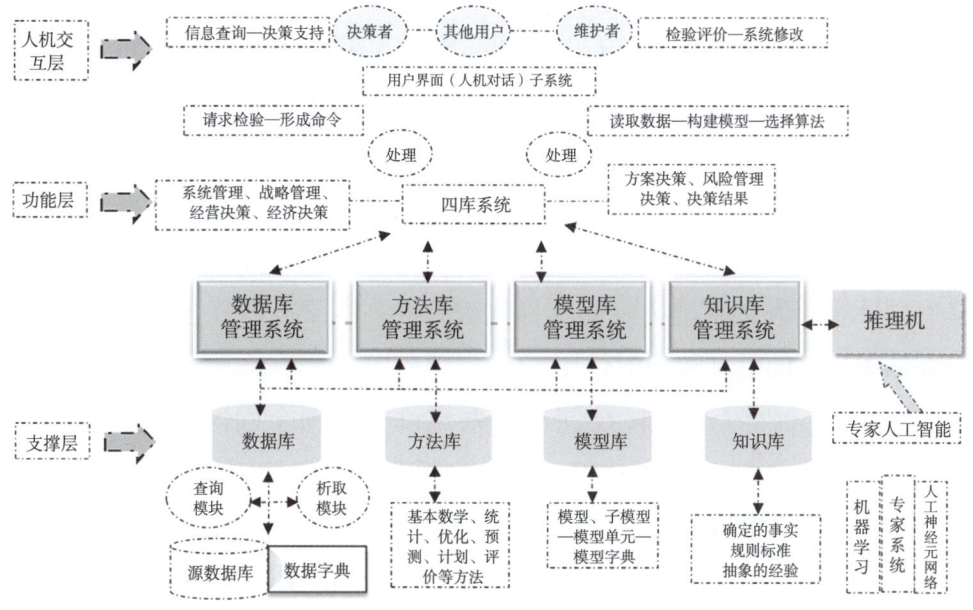

图 7-1　基于"四库"协同的天然气科技绩效评估支持系统框架

二、培养天然气勘探开发科技绩效评估领军人才并建立科技评估智库

首先,制订天然气勘探开发科技绩效评估高端人才培养规划,整合汇集各领域专家学者与业界精英,打造高端人才专家库,有重点地推出一批代表国内一流水平的领军人才和青年杰出人才。"天然气勘探开发科技绩效评估的领军人才规划"设计横向上涵盖专业技术类、综合管理类等各岗位并有重点,纵向上以骨干人才(基层作业区及专业队勘探开发专业人才库人才)为"塔基"、优秀人才(气矿作业区或地质勘探、钻井开发专业人才库人才)为"塔体"、领军人才(地区公司或集团公司勘探开发人才库人才)为"塔尖",共三个方面、三个层次的人才结构体系,以体现天然气工作规律和天然气勘探开发科技绩效评估的领军人才成长规律,构建符合实际的天然气勘探开发科技绩效评估的领军人才观。同时,也应该从系统规划培养领军人才的部署,为人才的梯次有

序成长和接替提供条件。

其次,建立天然气勘探开发科技绩效评估的领军人才选拔培养模式与方法。一是建立人才选拔制度,选拔采取本人申请、基层单位推荐、地区公司初审、集团公司审定的方式,择优确定培养对象。每批培养对象的培养周期为 3 个月至半年左右的时间。培养方式要按照因材施教、学用结合的原则,实行集中培训与在职学习实践相结合的培养方式。二是要创新人才引进制度,引进一批能够突破关键技术、发展高新技术、带动天然气产业发展的领军人才。三是建立人才培养制度,明确主要内容、方式方法、工作任务和具体措施,着力提高培养具有相当业务知识和专业水平、具有国际视野和创新能力、能够提供综合性高端服务的复合型领军人才,发挥领军人才的引领和辐射作用。

最后,天然气产业科技创新体系建设,必须全面准确把握科技创新的发展规律和战略动向,着力服务创新驱动发展,提升科技战略、规划和政策制定的能力。为充分广泛联系科技工作者的独特优势,集成天然气产业各资源,加强顶层设计和资源整合,把学科门类齐全、领域交叉、智力资源密集的资源优势转化为决策咨询的战略优势,各级专家学者将作为智库发展的第一战略资源。因此,必须要充分认识天然气勘探开发科技绩效评估智库的地位和作用,把智库建设作为一项重大而紧迫的任务列入重要议事日程,纳入工作全局研究部署、检查落实,建立健全党委统一领导、有关部门分工负责的工作体制,切实加强对智库建设工作的领导。

三、重视知识产权保护及推动天然气勘探开发技术有形化向市场化转型

进行知识产权保护、加强技术有形化集成及市场化推广应用,是加快天然气勘探开发科技成果转化为现实生产力的重要方式。通过将专利技术、技术秘密应用于生产,将产品推广到市场,将市场信息反馈到科研这一良性循环,形成一批自有技术支持、符合用户需求的产品系列,在此基础上才能逐步形成具有天然气特色的核心技术。

第一,要围绕核心技术组织好专利申请与保护。天然气勘探开发科

学研究和技术开发项目（课题）在立项或开题之前，应编制《科技项目知识产权报告》或提交《国内外文献查新和专利检索分析报告》，作为立项审查、论证的主要依据之一。项目（课题）开展过程中，项目（课题）负责人为项目（课题）专利责任人。项目（课题）验收时应对专利开发任务完成情况进行验收。

第二，做好对专利权的保护。专职和兼职专利管理人员、专利工作人员、项目（课题）长、主要科研人员（发明人、设计人）及学术委员会或专家组对申请专利的整个形成、论证过程的详细内容有保密义务。

第三，对技术秘密的保护。科研项目（课题）及技术研发人员应通过正当渠道合法取得技术信息，并保守科研项目（课题）中的技术秘密。技术秘密一经认定，涉及该技术秘密的相关涉密资料，应根据技术秘密的密级，对涉密载体的存放、使用、转移等采取有效的管控措施。建立知识产权风险防范和预警机制，组织好知识产权的实施与转化，加强对知识产权的动态利用。

第四，加强知识产权人才培养与激励机制建设。加快提升天然气企业原始创新、集成创新和引进消化吸收再创新的自主创新能力、提升知识产权成果产业化的转化应用能力、提升运用知识产权提高产品占有率的市场竞争能力、提升依法保护知识产权的战略管理能力。建立天然气科技相关的知识产权激励机制，采取"一奖两酬"为核心的激励政策，重奖知识产权的保护和应用项目，给予知识产权创造（发明）业绩激励，尊重并保护知识产权。

第四节　加强评估成果应用及推进科研完全项目制和人才"双序列"制度实施

一、加强和改进科技项目与科研人才的绩效考评

2017年3月，中国石油天然气集团公司领导正式批复同意设立科技成果创效奖。在中国石油天然气集团公司工资总额中专项列支奖金，不占企业原有工资总额，确保激励措施有效落地。领导批示："突出奖励，从严把握""好事务必好办！一定要发挥好专项奖的作用，在实施

过程中，公平、公正，经得起审查"。2017年10月18日，中国石油天然气集团公司正式发布《中国石油天然气集团公司科技成果转化创效奖励办法（试行）》（中油科〔2017〕406号），提出科技成果转化创效奖励现阶段以成果创效计提方式为主。

西南油气田科技工作大会的科技工作报告中指出，积极推动国家科技激励费和成果转化法政策落实，要持续推进专业技术人员"双序列"改制工作，推行体现岗位价值、能力水平和业绩贡献的薪酬制度，制订符合专业技术工作特性的考核评价体系。结合中国石油天然气集团有限公司科技成果转化创效奖励办法相关规定，必须对科技项目和科研人员的考评方式当作适应性调整，不仅要考虑科研项目的组织能力、管理能力与完成率，更应侧重于考评科技项目的成果应用情况与成果创效，即本书提出的以技术要素进行效益递进分成的原理设计，在确定技术要素效益的前提下，追溯技术要素的来源，即科研项目及参与创造的科研人员，才能将技术成果转化应用后的获得的分成效益对应到具体为该技术价值创造作了贡献的项目及人员本身上。

技术成果转化应用分成效益溯源的思路，起点在于对科研项目和科研人员研发该技术的成本做全要素成本核算，在追溯贡献时，才能根据财务成本系列数据的提取，逐级探寻价值创造的贡献源。但是，当前的油公司体制现有财务管理制度下，科研人员工资总额固定核算，科研人员的工资单独计入科研单位工资总额，科研项目并非全成本核算。因此，要想通过科技成果创造的相关成本参数提取进行科技成果转化创效的效益分成，在现有财务管理制度下是难以实现的。

因此，在中国石油天然气集团有限公司科技成果转化创效奖励办法相关要求下，强化对科技成果转化应用效益创造的科研项目和科研人员的奖励，必须进行科研项目全要素成本核算的改革，建立技术创新管理会计制度：其一，技术创新管理会计的对象除了企业的生产经营活动，还应包括企业的技术创新活动，即研究与开发活动（R&D）。其二，技术创新管理会计通过对使用价值的研究、设计、开发过程的优化，提供信息并参与决策，以实现价值最大增值的目的。其三，从实践角度上看，技术创新管理会计的对象也应具有复合性的特点：一方面，技术创新管理会计致力于使用价值研究、设计、开发过程的优化，强调加强技术创新管理，技术管理，其目的在于提高生产和工作效率；另一方面，在价值形成和价值增值过程中，技术创新管理会计强调价值管理。

技术问题产生成本问题，技术创新本身及其成本的特点决定了作业成本法适用于技术创新成本的计算和管理。技术创新管理会计的推广与应用使企业的环境管理会计从虚到实，从抽象到具体，技术创新管理会计解决了环境管理会计历来未能解决的问题——可计量性。建立技术创新管理会计制度，按照作业成本法对技术创新进行成本核算，才能真正解决科研项目成本结构问题，为提取技术创新财务成本数据作为技术要素应用效益分成评估的参数值提供按来源可靠、真实准确的基础资料。基于有效投入成本数据进行的有效产出效益分配，才能真正厘清科研项目及科研人员的价值创造与贡献程度，才能为科研项目以及人才"双序列"按照要素贡献进行考核与奖励提供可行的参考依据。

二、落实技术补偿制并合理设置科技应用转化效益实现后的奖励

绩效评估是有成本的，如果只是停留在绩效评估阶段而没有后续的激励措施，就失去了绩效评估的意义和价值，造成资源的浪费。特别是在创新驱动发展和"创新、协调、绿色、开放、共享"的理念下，国家提出油气科技评价要突出创新导向，将技术转移和科研成果对经济社会的影响纳入绩效评价指标；王宜林董事长在中国石油天然气集团有限公司科技与信息化创新大会上提出建立创新创效激励机制、实现创新人才"名利双收"，探索基于转化推广效益的一次性奖励、效益提成、股权期权和分红等政策。基于此，探索技术要素转化引用创效的相关补偿与激励制度，才是将绩效评估结果落到实处的有效途径。

技术成果转让与有偿技术服务。通过一次性支付报酬购买技术成果使用权或买断技术成果使用权；对各种技术服务，支付相应报酬。由于技术转让后在后期转化过程中存在着风险，一次性转让的价值评估难度

较大，所以更多的企业目前在技术转让中采用的是先交一定的入门许可费，成果产生效益后再采用利润提成的方式。

技术入股与分红。鼓励技术成果作价入股。结合企业实际，依据《中华人民共和国专利法》和《中华人民共和国公司法》判断可操作的技术成果作价办法，让科技人员以其技术成果入股，成为公司股东。以技术入股的股东与其他股东具有同等的法律地位，按所持股份参与收益的分配。鼓励技术分红。技术分红是指企业将其一定比例的利润分配给为企业的技术创新做出重要贡献或者具有重要作用的技术人员。技术分红有现金分红和股权分红两种形式。实行技术分红既可以体现技术价值，又能将技术人员的利益与企业的利益紧密联系起来，是一个双赢的产权制度安排，受到企业和员工两方面的欢迎。

把专利技术转移指标列入考核体系。激励科研人员从研发开始就注重技术专利实用性，符合企业和市场发展的需要便于专利技术顺利转移。把专利的管理和转化工作联合开展，便于专利转化人员更好地了解专利自身的情况，促进专利技术转移。将由下达部门责成项目承担单位将该成果交技术产权交易机构挂牌转让。转让采取招标拍卖和协议等方式。中国石油天然气集团有限公司制订的科技计划项目合同中明确要求、项目承担单位要把职务技术成果挂牌转让作为一项必须完成的工作。西南油气田公司也可以尝试建立和启动职务技术成果挂牌转让交易系统，促进技术成果和专利成果的交易和转让。

三、落实突出贡献奖励制并提高人才在科技产品价值中的比重

习近平总书记指出，要形成鼓励优秀科研人员通过奋斗、奉献实现名利双收的环境和机制，充分释放创新潜力、动力和活力。绩效评估作为一个有效的政策工具，有助于衡量与展示科技发展的成效，并为科技资源的分配提供有价值的反馈。绩效评估是科技人才管理的关键环节，它是一种手段，最终目的是提高员工绩效，只有对科技人才进行有效的绩效评估，对科技人才的激励才有根据可言。因此，人才激励是提高绩效的手段也是绩效评估的目的。

科技奖励。要形成以国家科技奖励、政府奖励和企业研发奖励为主体，多层次、多渠道的技术奖励制度，构成完善的技术奖励体系，使技术人员获得物质和精神激励。所谓科技奖励，就是企业根据科技项目或科技成果完成情况，对技术人员进行物质或非物质的奖励，前者如现金、住房或汽车等，后者如旅游、休假、各种特殊荣誉等。科技奖励是比较容易操作的，根据中国石油天然气集团有限公司科技成果转化创效奖励办法，现阶段以成果创效计提方式为主，将逐步探索利用股权出售、股权奖励、岗位分红等多种方式激励科技人员开展科技成果转化。

岗位技能报酬。这是根据技术劳动者的实际贡献大小、责任轻重、技术水平高低等，对其经济报酬实行有所倾斜的分配形式。但这种分配形式在操作上缺少严密的标准，定量较难，同一职称的科技人员往往获得同等报酬待遇，在分配上不能拉开差距。近年来，KPI法常被用于对科技人员绩效管理，并与科技人员的岗位技能工资密切挂钩。人才"双序列"制度——管理岗位＋专业技术岗位的制度，本身就是根据岗位职能、工作特点，在管理岗位发展通道基础上，通过专业技术人才岗位等级序列的建立，为专业技术人员提供独立、畅通、稳定的职业发展通道，使终身从事专业技术工作人员与经营管理人员共同享有事业发展空间和相应薪酬福利待遇，是一种良好的岗位技能报酬获取途径。

科技项目承包奖励。由企业根据生产与产品开发的要求提出科技研究项目，提供科研经费，并提出相应要求，与技术劳动者签订科技项目承包合同。当前试点推行的科研完全项目制，就是一种典型的科研项目承包制。科研完全项目制还处于试点阶段，对其绩效考核也处于探索之中。无论以单独奖励、津贴发放还是其他任何形式进行科技项目承包奖励，都不能脱离按技术要素贡献参与效益分配的原则，都应以技术应用创造的效益为基础，根据技术要素贡献度或价值量考虑具体的分配系数，才能真正实现奖励的公允性、公平性及客观性，才能真正达到激发科技创新创造动力和热情的作用。

第五节　培育科技创新文化及促进建立科技绩效评估长效机制

一、形成开放式科技创新文化以及营造和谐宽松的协同工作氛围

党的"十九大"报告明确提出要"倡导创新文化",文化作为一种软实力与精神动力,是保障科技创新活动稳步推进更基本、更深沉、更持久的重要力量。党的"十八大"以来,围绕实施创新驱动发展战略,加快推进以科技创新为核心的全面创新,做出了一系列关于文化科技创新的部署,诸如《文化部"十三五"时期文化发展改革规划》《文化部"十三五"时期文化科技创新规划》等,均提出要充分发挥文化的前瞻性、引领性作用,形成开放式科技创新文化,以科技创新文化的发展推进科技创新发展进程。

第一,要倡导科技创新文化就是要包容。天然气科技创新自有不确定性、高风险性和未知性等内在属性,进行天然气科技创新具有一定的失败率,必须要有包容和宽容失败、接纳失败的文化氛围,只有不断从失败中总结经验,才有可能迎来成功的创新。因此,倡导宽容的科技创新文化,其实质就是通过构建一种勇于探索、鼓励创新、宽容失败的社会氛围和心理机制,从而为开展天然气科技创新活动奠定良好的文化基础。

第二,要倡导科技创新文化就是要崇尚协同。天然气科技创新面临着整个天然气产业庞大的产业体系与科技体系,涉及复杂的作业流程与技术链条,如果不懂得协同工作、协同创新,仅以一己之力蛮干,是难以取得较好成果的。协同创新一方面要求技术协同创新,多方合作能够更多地将原先各种处于孤立或隔离状态的技术融合起来,形成复合技术,形成集成技术系统,从而产生原先各孤立技术所没有的新功能;另一方面,不仅要在部门之间、企业之间协同,还要求与高校、与社会相关研究机构形成良好的协同创新关系,才能最大限度扩展科技创新基本面,增强科技创新成果产出效率。

第三，建立知识协同共享氛围。知识共享需要文化建设的引导，促进向学习型组织转变，创建有利于知识共享的企业文化，也能够为科技协同创新提供必要的信息支撑。

二、树立追求科学创新的精神及强化科技人才的责任感和使命感

在这个"唯创新者进，唯创新者强，唯创新者胜"的新时代，走中国特色自主创新道路，必须发展创新文化，形成激励科技进步与创新的文化氛围。科技创新必须以创新的文化为基础，或者说，只有在创新的文化中，科技创新才有实现的可能。在一个缺乏创新意识、创新精神和创新思维的文化中，任何创新都只能是一种呓语，即使有创新，那也只是个别的、偶然的昙花一现，而绝非整体的必然的可持续的。因此，必须使科技创新文化成为科技创新活动的重要组成部分，必须使科技创新文化融入天然气科技人才的血液之中，转化为科技人才进行科技创新创造是对自身价值的追求、情感的认同，形成一种潜意识的行为习惯，才能促进科技人才在潜移默化中牢牢树立科学求真、务实创新的精神与态度，才能以主人翁姿态审视自己的科研创新活动，以强大的责任感和使命感促进科技创新能动性发挥。

充分发挥科技创新的龙头作用，要厚植创新文化，树立追求科学创新的精神，持续增强创新的内生动力。

首先，要遵循科学研究规律，反对急功近利、浮躁浮夸、追求短期效应的不良学风，尤其是天然气科技基础学科的创新，需要以持之以恒的科学观测、知识积累和实验验证为基础，不是随时随地可以轻易发生的，不是可以通过强行压指标、搞学术大跃进而成功的。

其次，要形成尊重知识产权的学术道德环境和行为规范，发表科研成果如引用他人的论点、数据、资料，必须如实标出，防止剽窃、抄袭他人成果，按诚实客观的原则，确认科研项目参与者的实际贡献，反对不属实的署名和侵占他人成果。只有依托求真务实积极向上的科技创新精神，每一个科技人才的创造性充分迸发，科技创新才有了向上生长的坚实基础和广阔空间。

三、建立效益型科技创新文化并充分调动创新创造性与积极性

习近平总书记科技创新思想内蕴着科技文化创新的要求,科技创新离不开科技文化的哺育,科技文化的繁荣发展需要科技创新的强力驱动。对于天然气科技创新而言,科技创新的目的更注重于实践应用和推动生产服务,因此,在科技创新文化反哺于科技创新活动的前提下,以科技创新诉求为基础建立战略性的、效益型的科技创新文化,对于促进科技创新更有效、更有实践价值,具有重要意义。

以效益型的科技创新文化指导天然气科技创新活动,关键在于不断增强天然气业的技术创新能力,充分发挥天然气业技术创新的整体优势,形成主营业务的核心竞争力。科技工作要考虑历史和现状,尊重科技工作自身的规律;要注重天然气勘探开发、储运技术与工程技术要同步发展,技术开发与技术储备研究要稳步发展,自主创新与引进消化吸收要不可偏废;对科技的投入产出要用科学发展观来衡量,尊重技术自身的发展规律,同时也必须强调,科技工作的成效,最终要落实到企业整体效益的提高上。

参 考 文 献

中共中央文献研究室，2016.习近平关于科技创新论述摘编［M］.北京：中央文献出版社.

傅诚德，2017.科学方法论及典型应用案例［M］.北京：石油工业出版社.

刁顺，2014.中国石油技术有形化［M］.北京：石油工业出版社.

吕建中，2017.国内外石油科技创新发展报告（2016）［M］.北京：石油工业出版社.

马新华.2019.天然气产业一体化发展模式［M］.北京：石油工业出版社.

齐敬思，2014.科技成果鉴定与评估知识问答［M］.北京：石油工业出版社.

胡勇，姜子昂，何春蕾，等，2015.天然气产业科技创新体系研究与实践——以西南天然气战略大气区建设为例［M］.北京：科学出版社.

上海社会科学院信息研究所，上海科学技术情报研究所，2015.科技创新词典［M］.上海：上海社会科学院出版社.

方朝亮，刘亚旭，龚小军，2011.石油科技投入产出评价［M］.北京：石油工业出版社.

《中国科技创新政策体系报告》研究编写组，2018.中国科技创新政策体系报告［M］.北京：科学出版社.

陆娇，毛开云，赵晓勤，2017.国际科技评估方法与实践［M］.北京：科学出版社.

彭元正，董秀成，2017.中国油气产业发展分析与展望报告蓝皮书（2016—2017）［M］.北京：中国石化出版社.

钱旭潮，王龙，赵冰，2011.科技资源共享、转化与公共服务平台构建及运行［M］.北京：科学出版社.

李友华，韦恒，2008.科技成果推广转化绩效评价理论与方法研究［M］.北京：中国农业出版社.

贾康，2006.科技投入及其管理模式研究［M］.北京：中国财政经济出版社.

时勘，曲如杰，2018.科技创新的影响因素研究［M］.北京：北京师范大学出版社.

贺清君, 2014. 绩效考核与薪酬激励整体解决方案 [M]. 北京: 中国法制出版社.

布莱恩·阿瑟, 2014. 技术的本质 [M]. 杭州: 浙江人民出版社.

袁建昌, 2013. 高新技术科技型人力资本增值激励研究 [M]. 上海: 上海三联书店.

刘振武, 高旭东, 胡健, 2010. 企业技术创新管理 [M]. 北京: 石油工业出版社.

潘教峰, 等, 2014. 德国科技创新态势分析报告 [M]. 北京: 科学出版社.

骆大进, 2016. 科技创新中心内涵、路径与政策 [M]. 上海: 上海交通大学出版社.

凯文·凯利, 2017. 科技想要什么 [M]. 北京: 中国工信出版集团.

刘振武, 等, 2005. 知识产权保护与管理 [M]. 北京: 石油工业出版社.

高文进, 高兴佑, 2015. 自然资源价格理论与实践 [M]. 北京: 光明日报出版社.

熊小刚, 2013. 国家科技奖励制度运行绩效评价 [M]. 社会科学文献出版社.

庄三红, 2016. 劳动价值论的时代化研究 [M]. 北京: 中国社会科学出版社.

成素梅, 2017. 科学技术哲学国际理论前沿 [M]. 上海: 上海社会科学院出版社.

张廷君, 2012. 科技工作者三维绩效的系统激励机制研究 [M]. 北京: 经济科学出版社.

朱彦元, 2013. 中国国民经济生产函数研究 [M]. 上海: 同济大学出版社.

常毓文, 梁涛, 赵喆, 2017. 油气大趋势 [M]. 北京: 石油工业出版社.

吴恺, 2015. 科学价值论 [M]. 北京: 中国社会科学出版社.

马旭红, 唐正繁, 2017. 第三方评估的实证理论与实证探索 [M]. 成都: 西南交通大学出版社.

许秀梅, 2016. 企业技术资本配置与价值驱动策略研究 [M]. 北京: 中国财政经济出版社.

唐纳德·E·坎贝尔, 2013. 激励理论: 动机与信息经济学 [M]. 北京: 中国人民大学出版社.

刘文霞, 宋琳, 钱振华, 2015. 科学技术哲学导论 [M]. 北京: 知识产权出版社.

刘大椿，刘劲杨，2011.科学技术哲学经典研读［M］.北京：中国人民大学出版社.

陈昌曙，2012.技术哲学引论［M］.北京：科学出版社.

陈世军，2008.技术评估理论与方法［M］.北京：科学出版社.

王震，薛庆，2017.充分发挥天然气在我国现代能源体系构建中的主力作用——对《天然气发展"十三五"规划》的解读［J］.天然气工业，37（3）：1-8.

王震，赵林，2016.新形势下中国天然气行业发展与改革思考［J］.国际石油经济，24（6）：1-6.

刘应红，徐东，唐国强，2017.油气市场准入改革对国有大型石油石化企业的影响——对《深化石油天然气体制改革的若干意见》的解读［J］.天然气工业，37（7）：115-120.

辜穗，王文婧，李科峰，等，2017.天然气科技创新战略的绿色发展路径［J］.天然气工业，37（11）：129-133.

姜子昂，奉兰，何润民，2012.科技战略绩效管理的探索与实践——以天然气经济研究所为例［J］.天然气技术与经济（1）：4-7.

辜穗，罗旻海，王丹，等，2017.对加快推进油气技术价值化的思考［J］.国际石油经济（7）：95-100.

陈英超，李春新，司云波，2016.石油企业有形化技术价值评估探索［J］.石油科技论坛（6）：20-24.

姜子昂，肖学兰，余萌，等，2011.面向绿色发展的中国天然气科学体系构建［J］.天然气工业，31（9）：7-11.

钟太贤，罗凯，谢正凯，等，2016.推进科技体制机制创新 激发创新动力活力的思考与建议［J］.石油科技论坛，35（6）：1-4.

陈炫宇，2016.国际技术转让中的价格确定问题［J］.现代经济信息（3）：136.

程海森，张汝飞，2017.技术市场价格指数编制研究——以北京技术市场价格指数为例［J］.价格理论与实践（2）：108-111.

姜子昂，何春蕾，段言志，等，2016.我国天然气价格理论体系构建的思考［J］.价格理论与实践（7）：61-64.

黄昭仁，2015.战略绩效指标评价动态回馈影响之研究——网络公司为例［J］.

科研管理，36（2）：115-123.

胡玉明，2010. 平衡记分卡：一种战略绩效评价理念［J］. 会计之友（4）：4-11.

褚大建，2016. 可持续性科学：基于对象—过程—主体的分析模型［J］. 中国人口·资源与环境，26（7）：1-9.

姜子昂，任先尚，段玲，等，2011. 天然气企业管理创新与技术创新协同发展模式［J］. 天然气技术与经济，5（1）：50-53.

张博，2017. 促进石油天然气行业可持续发展［J］. 宏观经济管理（6）：71-75.

刘涛，程广华，2017. 企业技术创新动态能力建构及其价值创造［J］. 安庆师范大学学报（自然科学版）（3）：62-67.

高伟，吴昌松，王晓珍，等，2016. 创新环境、技术未来价值与企业创新开放程度［J］. 科技进步与对策（6）：78-85.

马云俊，安玉兴，夏茂森，2015. 创新价值链：创新评价的新工具［J］. 沈阳工程学院学报（社会科学版）（4）：191-197.

许秀梅，2016. 技术价值链运作模式研究［J］. 科技进步与对策（5）：8-18.

罗福凯，2014. 论技术资本：社会经济的第四种资本［J］. 山东大学学报：哲学社会科学版（1）：63-73.

程卓蕾，孟溦，齐力，等，2010. 构建测量组织战略绩效的指标体系方法研究［J］. 科研管理（5）：106-112.

胡勇，蒲蓉蓉，于智博，等，2012. 油气田公司科技政策效应分析——以中国石油西南油气田公司为例［J］. 科研管理（11）：99-102.

高伟，吴昌松，王晓珍，等，2016. 创新环境、技术未来价值与企业创新开放程度［J］. 科技进步与对策（6）：78-85.

杨洋，2012. 技术有形化对天然气科技文化建设的作用［J］. 天然气技术与经济（6）：60-62.

刘进，2014. 中国石油天然气 i 集团科技创新体系的经验与启示［J］. 环境与可持续发展（6）：196-199.

梁勤儒，蒋玉涛，2018. 国外科技智库发展经验及其对广东建设新型科技智库的启示［J］. 科技管理研究（3）：43-48.

吕旭宁，2018. 科技智库人才引进、培养、使用和管理研究［J］. 科技管理研究

（5）：258-262.

王馨迪，2017. 科技投入项目（应用类）绩效评价体系研究［D］. 北京：北京交通大学.

姜子昂，2007. 基于绩效耦合的天然气技术创新体系研究［D］. 成都：西南交通大学.

林坚，2012. 科技创新与文化创新的"双轮驱动"［C］. 文化创新、科技创新"双轮驱动"战略——2012 北京自然科学界和社会科学界联席会议高峰论坛论文集（12）：82-96.

孙明河，卢太昌，史忠华，2016. 胜利油田：科技创新激发提质增效活力［N］. 科技日报，2016-9-27（007 版）.

陈硕，2017. 推动科技创新需要 倡导与建设好创新文化［N］. 新华日报，2017-11-29（第 17 版）.